Kurze Geschichte der Katalyse in Praxis und Theorie

Von

Alwin Mittasch

Berlin
Verlag von Julius Springer
1939

ISBN-13: 978-3-642-90117-1   e-ISBN-13: 978-3-642-91974-9
DOI: 10.1007/978-3-642-91974-9

Dem Forschungslaboratorium Oppau
der I. G. Farbenindustrie
in alter Anhänglichkeit

Vorwort.

Die hier dargebotene „Kurze Geschichte der Katalyse" ist dazu bestimmt, den Entwicklungsgang katalytischen Wissens und Forschens von den Anfängen bis nahe an die Gegenwart in Umrissen aufzuzeigen und damit das Verständnis für den Stand der Gegenwart zu erleichtern, auf dem wiederum die Katalyse der Zukunft sich aufbauen wird.

Teildarstellungen mehr oder minder ausführlicher Art sind mehrfach schon vorhanden (s. auch Mittasch und Theis: Von Davy und Döbereiner bis Deacon, 1932, mit zahlreichen Literaturangaben), doch fehlt bisher noch eine Darstellung für das Ganze. Eine solche, und zwar unter Berücksichtigung der Entwicklung der Chemie überhaupt in dem entsprechenden Zeitraum, wird hier in Angriff genommen, mit derartiger Auswahl und Behandlung des vorhandenen Stoffes, daß sowohl dem Anfänger wie auch dem Fortgeschrittenen damit gedient sein kann.

Der gebotenen Enge des Rahmens entspricht es, wenn sowohl hinsichtlich der Einzeltatsachen wie in bezug auf das Schrifttum nur eine Auswahl mitgeteilt wird; dagegen wurde erstrebt, die *große Linie der Entwicklung*, d. h. die Ausbildung und Vervollkommnung der „katalytischen Idee" deutlich hervortreten zu lassen und zu zeigen, wie bei aller scheinbaren Willkür und Sprunghaftigkeit im einzelnen doch im ganzen eine Gesetzmäßigkeit der Entwicklung herrscht, so daß das Gegenwärtige als Erfüllung des Vergangenen und als Verheißung und Bürgschaft des Zukünftigen erscheint.

Äußere wie innere Gründe haben dazu geführt, *mit der Epoche* Wilhelm Ostwald *die Darstellung abzuschließen* und für die letzten Jahrzehnte lediglich einige Andeutungen über Art und Richtung der Weiterentwicklung zu geben. Dieser Mangel dürfte nicht allzu stark empfunden werden, da jedes Lehrbuch der Katalyse an jenes „klassische" Zeitalter unmittelbar anknüpft; vor allem sei auf das neu erscheinende „Handbuch der Katalyse" verwiesen, zu dem vorliegende Arbeit eine historische Einführung bildet.

Hierzu kommt, daß die Theorie der Katalyse seit WILHELM OSTWALD, VAN 'T HOFF und NERNST immer mehr in der allgemeinen Reaktionslehre und Affinitätslehre aufgeht, die nicht Gegenstand unserer Darstellung sein kann. Und auch in praktischer Beziehung ist es so, daß der aus den Wurzeln der Chemie entsprungene Schößling der Katalyse oben wieder mit dem Stamm verwächst: die der Katalyse zugänglichen Reaktionen aufzuzählen, die als Laubwerk vorhanden sind, würde heute gleichbedeutend sein mit der Registrierung fast sämtlicher chemischen und biochemischen Vorgänge, die man überhaupt kennt!

Denjenigen befreundeten Fachgenossen, die durch sachkundige Bemerkungen und Ratschläge das Werk gefördert haben, sage ich auch hier meinen herzlichen Dank.

Heidelberg, im März 1939.

A. MITTASCH.

Inhaltsverzeichnis.

Einleitung und Übersicht.

„So eröffnet eine Behandlung chemiegeschichtlicher Fragen Ausblicke auf die Entwicklungsgeschichte des menschlichen Geistes, und zwar in besonders eindringlicher Weise, da gerade die Chemie für ganze Menschheitsepochen ideenbildend und richtungweisend gewirkt hat." ERICH PIETSCH.

Die Geschichte der Katalyse bildet einen wichtigen Teil der Geschichte der Chemie, innerhalb deren, nach gewissen Andeutungen früherer Zeiten, die „Einwirkung durch Kontakteinfluß" als ein Spätling um das Jahr 1800 auftaucht.

Dabei zeigt die Entwicklung der Katalyse im Rahmen der Gesamtchemie die Eigentümlichkeit, daß fast von Anfang an *eine beherrschende Definition im Mittelpunkt des Interesses* steht. Aufgestellt worden ist diese Definition im Jahre 1835 durch JAKOB BERZELIUS, verändert und vertieft um das Jahr 1900 vor allem durch WILHELM OSTWALD.

Das soll nicht heißen, daß vor BERZELIUS keine Fälle der Katalyse bekannt gewesen wären; im Gegenteil: seine Systematik mit Namengebung konnte sich erst auf Grund einer Anzahl bekannt gewordener hervorragender Beispiele entfalten, von denen insbesondere DÖBEREINERS Entdeckungen starke Impulse gegeben haben. Ebenso liegen in der Zeit zwischen BERZELIUS und W. OSTWALD wichtige katalytische Fortschritte, wenn diese an Umfang und Tiefe auch nicht annähernd an das heranreichen, was in unserem Jahrhundert nach OSTWALD hinzugekommen ist. Bei einer gedrängten Geschichte der Katalyse in Theorie und Praxis könnte man folgende Zeitabschnitte unterscheiden:

I. Periode der Vorbereitung.

II. Periode der Festlegung.

III. Periode der Ausweitung.

IV. Periode der Vertiefung, mit Unterteilung:

   a) Molekularphysikalisch-reaktionskinetische Grundlegung.

   b) Atomphysikalisch-quantentheoretische Auslegung.

Zu diesen Epochen ist zunächst in Kürze folgendes zu sagen:

I. Die Anfänge katalytischer Beobachtungen liegen in der gleichen Zeit — gegen Ende des 18. Jahrhunderts —, in der eine exakt messende und wägende neuzeitliche Chemie anhebt (LAVOISIER, DALTON); wichtige Schritte der Entwicklung knüpfen sich an die Namen PARMENTIER, SCHEELE, PRIESTLEY, DEIMANN, DESORMES und CLÉMENT u. a.

II. Hier sind es vor allem H. DAVY, DÖBEREINER, THENARD, BERZELIUS, LIEBIG, KUHLMANN und anschließend MERCER, PLAYFAIR und SCHÖNBEIN, die Systematik und Theorie gefördert haben. Zugleich sind in den Jahren 1835—1860 bereits eine große Zahl neuer katalytischer Fälle gefunden und teilweise auch schon genauer untersucht worden.

III. Dieser *theoretisch* wenig ergiebige Zeitraum bis etwa 1880 ist gekennzeichnet durch eine *fortschreitende Auffindung neuer katalytischer Reaktionen, insbesondere auch auf organisch-chemischem Gebiete*, im Zusammenhang mit dem raschen Emporkommen der organischen Chemie. Dabei konnte es nicht ausbleiben, daß katalytische Beobachtung und katalytische Erfindung mehr und mehr in den *Dienst der aufblühenden chemischen Industrie* mit ihren verschiedenen Formen, insbesondere auch der Farbstoffindustrie traten: DEACON, CLEMENS WINKLER, später RUDOLF KNIETSCH, R. E. SCHMIDT, NORMANN u. a.

IV. Einen starken neuen Anstoß empfing die katalytische Forschung durch die aufstrebende *physikalische Chemie* mit ihrem „Massenwirkungsgesetz", ihrer kinetischen Gastheorie und ihrer elektrolytischen Dissoziationstheorie. In den Grundlagen von Männern wie CLAUSIUS und W. THOMSON, WILHELMY, GULDBERG und WAAGE, LOTHAR MEYER, BUNSEN, HORSTMANN und BOLTZMANN, sowie HITTORF, LE CHATELIER, W. GIBBS vorbereitet, erscheinen als Träger der neuen Epoche vor allem die Namen VAN T'HOFF, ARRHENIUS, WILHELM OSTWALD, NERNST und — auf einem wichtigen Teilgebiet — SABATIER. Hieran schließen sich als weitere Vertreter der „klassischen" Periode Forscher wie WEGSCHEIDER, H. GOLDSCHMIDT, BODENSTEIN, HABER, BREDIG, E. ABEL, SKRABAL an.

In diese ausgesprochen „reaktionskinetische" Richtung dringt ab 1910 mehr und mehr eine *atomphysikalische Betrachtung* ein, die insbesondere den Fortschritten der Quantentheorie und der

Feldphysik folgt und die das Hauptkennzeichen der theoretischen katalytischen Forschung der Gegenwart bildet.

Unsere Darlegungen, die bis an die Schwelle der gegenwärtigen Entwicklung führen sollen, werden sich nicht streng an das obige Schema halten, das erklärlicherweise ziemlich willkürlich und gewaltsam ist. Es wird vielmehr versucht werden, in zwangloser Reihenfolge die wichtigsten Fortschritte zu behandeln, wobei bald mehr eine katalytische Teilerscheinung, bald mehr eine Forscherpersönlichkeit im Mittelpunkt stehen wird[1].

A. Die Anfänge homogener und heterogener, rein chemischer und enzymatischer Katalyse.

1. Von den ältesten Zeiten bis nahe 1800.

Katalyse ist eine in der Natur viel vorkommende und vom Menschen viel verwendete Form chemischer „Anstoßkausalität" (= Anlaß- oder Auslösungskausalität, s. S. 36), die in die Umsetzung von Stoff nebst Energie gemäß bestimmten Erhaltungs- und Richtungsgesetzen anregend, vermittelnd, beschleunigend und lenkend eingreift. Sind dergleichen Erscheinungen schon dem Menschen einer früheren Kulturstufe in den Vorgängen beim Backen mit Sauerteig und in der Herstellung vergorener Getränke bekannt und vertraut geworden, so ist doch hier noch alles in „magischer Schau" verschwommen; besonderes Aufmerken oder gar gedankliches Verfolgen der — sicher durch „Zufall" angeeigneten — Arbeitsweisen primitiver Art ist kaum zu beobachten[2] (s. auch S. 8).

Anders schon in der *Alchemie späterer Jahrhunderte*, da man deutlich darauf gekommen ist, daß stofflich kleine Ursachen stofflich große Folgen nach sich ziehen können, und da man diesen Gedanken in der Weise der Zeit nach verschiedenen Richtungen neu auszuwerten sucht: in dem Suchen nach dem Xerion oder Aliksir (Elixier) oder „Stein der Weisen" zur Erzielung erwünschter Metallumwandlungen, und in dem Streben nach der „Tinctura", der „Quinta Essentia", dem „Magisterium" für andere Zwecke, namentlich der Gesunderhaltung und Lebensverlängerung; oftmals erscheinen auch beide „Wunschträume" an die gleiche geheimnisvolle Substanz gekettet[3].

In einer ausführlichen Schrift: „Karl Arnold Kortum Vertheidiget die Alchemie gegen die Einwürfe einiger neuen Schriftsteller", Duisburg 1789, faßt der wohlbekannte Verfasser der Jobsiade die von ihm zuvor im einzelnen registrierten und logisch begründeten Erfolge seitheriger Bemühungen dahin zusammen: „Diese Kraft soll so groß sein, daß ein Theil dieses Steins, je nachdem er vollkommen ausgearbeitet ist, 100, 1000, 10000, ja 100000 und mehr Theile schlechter Metalle auf diese Weise verädeln könne. Dieses ist aber nicht die einzige Kraft, welche ihm zugeschrieben wird; er soll auch unädle Steine in ädle verwandeln, verdorbene Weine verbessern, und wenn er in Wasser aufgelöst ist und an Pflanzen und Bäume gegossen wird, den Wachstum, die Befruchtung und Zeitigung derselben befördern, imgleichen das Glas geschmeidig und hämmerbar machen, und mehr dergleichen Wunderdinge verrichten können. Besonders soll er die herrlichsten Wirkungen auf den menschlichen Körper haben, und wenn er eingenommen wird, die Lebensgeister stärken, die natürliche Wärme befördern, den Giften widerstehen, alle sonst unheilbare Krankheiten vertreiben, die Gesundheit erhalten und das Leben verlängern. Ja man rühmt sogar, daß sein Besitz den moralischen Charakter des Menschen bessere, und ihn weise, gleichgültig gegen alle Übel, und fromm mache." — Ist da nicht alles — und noch mehr — in einem Punkte vereinigt, was die heutige Wissenschaft an den verschiedensten Stellen „katalytisch" mit spezifischen Mitteln versucht und erstrebt — bis zu hormonalen Wirkungen auf die menschliche Charakter-Gestaltung[4]!

Wie im Gesamtgebiet der Chemie der oft phantastisch ausschweifenden alchemistischen „Theorie" und der (wohl „dynamisch" aufzufassenden) unzulänglichen Phlogistontheorie späterer Tage eine durchaus solide handwerksmäßige Praxis nebenhergeht, vor allem in der Metallgewinnung, in Vergärungen, in Färberei und Gerberei, so tauchen auch schon mitunter besondere nützliche Praktiken von solcher Art auf, daß wir sie heute als „katalytisch" bezeichnen müssen. Wie oft mag bei der herrschenden wundergläubigen Grundstimmung der oder jener Techniker den Hauptingredienzien eines Verfahrens geheimnisvolle *Zusätze verschiedenster Art* gegeben haben, in der Erwartung besserer und rascherer Ausbeuten und neuer wertvoller Erfolge (s. auch Anm. 2 am Ende). Freilich läßt hier die Überlieferung von „Rezepten" stark im

Stiche — begreiflicherweise; hat doch noch bis nahe in unsere Zeiten in der Industrie oftmals die Gleichsetzung gegolten: Katalysator = Fabrikationsgeheimnis!

Wir beschränken uns demgemäß auf die Hervorhebung *zweier Techniken katalytischer Art*, die mannigfach vervollkommnet bis in unsere Tage reichen; die Herstellung von *Äthyläther* aus Alkohol durch Destillation mittels Schwefelsäure und die Herstellung dieser *Schwefelsäure* aus schwefliger Säure und Luft mit Hilfe nitroser Gase.

„*Schwefeläther*" oder „Vitriolnaphtha", „oleum vitrioli dulce", war wohl schon vor dem 16. Jahrhundert durch Destillation von Spiritus und Schwefelsäure in gläsernen Retorten hergestellt worden; PARACELSUS kann sie gekannt, VALERIUS CORDUS (1540) soll sie ausgeübt haben. FROBENIUS gibt 1790 eine vielbenutzte Vorschrift (Aether Frobenii). Sechsmal konnte in der Regel die Schwefelsäure wiederverwendet werden. Um 1800 zeigte ROSE, daß im Äther weder Schwefel noch Säure enthalten sei. FOURCROY und VAUQUELIN sahen 1797 die Ätherbildung noch als einfache Wasserentziehung an.

Schwefelsäure ist im Abendlande seit langem u. a. derart hergestellt worden, daß man bei der Verbrennung von Schwefel an der Luft (zunächst wahrscheinlich zur Förderung der Verbrennung) kleine Mengen Mauersalpeter u. dgl. zugesetzt hat (LEFÉBRE und LEMERY 1666). Die Verbrennung wurde lange Zeit hindurch auf Blechschalen mit Schwefel und Salpeter vorgenommen, so z. B. in der Fabrik Ward, RICHMOND 1736, in Glaskammern. ROEBUCK und GARLETT in Schottland haben 1746 statt dessen eine „6 Fuß im Quadrat" messende Kammer aus Blei benutzt: Bleikammerprozeß.

2. Erste katalytische Versuche um die Wende des 18. bis 19. Jahrhunderts.

Wenn es ein äußeres Merkmal der Katalyse ist, daß sie sich über die Gebundenheit an stöchiometrische Verhältnisse mit ihren „niedrigen ganzen Zahlen" hinwegsetzt, so folgt, daß ein *Aufmerken* auf Reaktionen, die wir heute „katalytisch" nennen, und vor allem eine eingehendere *Beschäftigung* damit erst dann möglich wurde, als sich die neue Chemie mit ihrer folgerichtigen Begründung auf Maß und Zahl zu regen begann[5]. Im Jahre 1777 gab C. Fr. Wenzel (1740—1794) seine berühmt gewordene „Lehre von der Verwandtschaft" mit den ersten Bestimmungen von Äquivalentgewichten heraus; 1792—94 schloß sich J. B. Richter mit seiner „Stöchyometrie" an; dazu kommen die Leistungen von Lavoisier, Berthollet, Fourcroy, Vauquelin, Proust, Dalton, Gay-Lussac und vielen anderen, den Anbruch eines neuen chemischen Zeitalters anzeigend, in welchem vor allem der *Begriff der Quantität* die Methodik leitet.

Im Jahre 1781 beobachtete der Pharmazeut Parmentier in Paris die *Bildung von Zucker* oder auch „Dextrin" beim Kochen von Kartoffelstärke mit Weinsteinsäure und Essigsäure. Von anderen Forschern wie Fourcroy 1801, Pfaff, Döbereiner, Vogel wurde die Reaktion bestätigt und auf andere Säuren ausgedehnt. Döbereiner 1808 (damals noch in Bayreuth) beobachtete den Einfluß der Säurekonzentration und gab seiner Überzeugung Ausdruck, daß es im Grunde das *Wasser* sei, welches die Verwandlung herbeiführe, so daß durch „lange genug fortgesetztes Kochen" mit Wasser allein dasselbe Ziel zu erreichen sein müsse! G. S. C. Kirchhoff in Petersburg lieferte 1811 eine eingehende Untersuchung der Reaktion; Vogel zeigte 1812, daß die angewandte Schwefelsäure sich nicht verändere, und betonte, gleichwie Döbereiner, die Bedeutung der Säurekonzentration für die Raschheit der Umsetzung. 1814 schloß Kirchhoff eine Untersuchung über die analoge Verzuckerung der Stärke mit wäßrigem Malzauszug an, die Irvine bereits 1785 beobachtet hatte. 1823 haben dann Payen und Persoz über den tätigen Stoff in keimenden Gerste-, Hafer- und Weizenkörnern genauere Versuche angestellt und den Namen „Diastase" für das „Ferment" aufgestellt. Derselbe Persoz hat 1833 die Umwandlung (Inversion) von Rohrzucker durch verschiedene Säuren verfolgt, wobei auch die schwächsten Säuren sich als qualitativ gleich wirksam erwiesen.

Scheele fand 1782, daß sich organische Säuren wie Essigsäure und Benzoesäure mit Alkohol in Gegenwart von ein wenig mineralischer Säure *verestern* lassen und daß diese Ester durch Alkali wieder gespalten werden. (Versuche und Anmerkungen über den Äther, 1782.) Thénard u. a. konnten später die Befunde von Scheele bestätigen.

Im Jahre 1806 erschien die berühmte Abhandlung von Desormes und Clément über die *Sauerstoff übertragende Wirkungs-*

weise des Stickoxyds bei der Schwefelsäuregewinnung nach dem Bleikammerverfahren, eine Abhandlung, die im Keime schon enthält, was sich allgemein über einen Verlauf der Katalyse über Zwischenreaktionen sagen läßt (s. auch S. 25).

Ist von den genannten Forschern kaum einer auf die Vermutung gekommen, daß bei seinen Beobachtungen ein Fall *besonderer chemischer Reaktion* vorliege, *die von „gewöhnlicher" chemischer Reaktion verschieden sei*, so lagen derartige Schlußfolgerungen schon näher bei anderen Feststellungen, die sich auf ausgesprochen heterogene, d. h. mehrphasige Systeme bezogen. Joseph Priestley leitete 1783 Dämpfe von Alkohol durch ein erhitztes Tabakpfeifenrohr und erhielt eine mit weißer Flamme brennende Gasart: erste katalytische Dehydratation von Alkohol zu Äthylen. Die „Methode von Priestley" fand Anklang und vielfache Verwendung mit allerlei Abänderungen. Der holländische Chemiker Deimann und seine Mitarbeiter stellten 1795 fest, daß beim Überleiten von Alkoholdampf über glühenden Ton das gleiche „ölbildende Gas" erhalten wird, wie man es bei heftigem Erhitzen von Alkohol mit starker Schwefelsäure schon seit langem beobachtet hatte (J. J. Becher 1669).

Diese Versuche Deimanns und seiner Mitarbeiter sind bemerkenswert, weil hier wohl zum ersten Male für eine Katalyse die *Versuchsbedingungen mannigfach abgewandelt* wurden; Glasrohr statt Pfeifenrohr: kein Äthylen; Glasrohr mit Scherben des Pfeifenrohrs gefüllt: Äthylenbildung; statt gebranntem Ton seine chemischen Bestandteile oder andere Stoffe verwendet: Tonerde und Kieselsäure sind wirksam, dagegen Kalk in beliebiger Form, Pottasche, schwefelsaures Kali, Kohle und Schwefel unwirksam. So wurde, um einen heutigen Ausdruck zu gebrauchen, „*Spezifität der Katalyse*", d. h. Abhängigkeit von der Natur des Stoffes, ausdrücklich festgestellt; legten sich doch die Autoren sogar die Frage vor, *warum* manche Stoffe sich wirksam zeigten, andere nicht!

Ein Gegenstück zu den Versuchen Deimanns bilden Beobachtungen eines anderen Holländers, M. van Marum (bekannt durch die erste Verflüssigung von NH_3), der 1796 Weingeistdämpfe über glühende *Metalle*, insbesondere Kupferdraht, leitete; unter Verwendung des Cu in eine schwarze mürbe Masse erhielt er „Gas hydrogène carboné", d. h. Wasserstoff gemischt mit Acetaldehyd, so daß hier erstmals eine *katalytische Dehydrierung* vorliegt, im Gegensatz zu der katalytischen Dehydratation von PRIESTLEY und DEIMANN. Neben Cu wurden auch Ag, flüssiges Pb und Sn, ferner Zn, Bi, Co, Spießglanz und Braunstein verwendet, mit vielfach abweichenden Resultaten. Bemerkenswert aber ist vor allem ein *erster Erklärungsversuch*, indem gesagt wird, die „Scheidung" werde „durch eine mehrere Verwandtschaft gefördert, die das Kupfer durch das Glühen zu dem Kohlenstoff des Weingeists bekömmt". (Als wirkliche Entdecker des Acetaldehyds haben FOURCROY und VAUQUELIN zu gelten, während LIEBIG später dessen Natur aufgeklärt hat.)

Schon in das 19. Jahrhundert fallen Versuche von H. DAVY (1803) über die *Zersetzung von Ammoniak* im heißen Glasrohr und an Eisendraht; hier schließt ein Jahrzehnt später THÉNARD an (S. 11).

Um 1880 begegnen uns auch erste genauere Mitteilungen über die Förderung und Hemmung des *Leuchtens von Phosphor* durch Fremdsubstanzen. THÉNARD führt 1816 das „ölbildende Gas", also Äthylen, als eine den Vorgang hindernde Verbindung an. (1829 hat dann PH. GRAHAM eine zusammenfassende Arbeit über den Einfluß verschiedener Substanzen, ohne deren eigene Veränderung, geliefert.)

Um die Jahrhundertwende sind auch die ersten Studien über *Gärung* u. dgl. im Geiste der neueren Chemie ausgeführt worden[6]. In den Schriften der Alchimisten und Jatrochemiker waren im Grunde alle Gas entwickelnden Vorgänge (selbst die Auflösung von Metallen in Säure) der Gärung mehr oder minder gleichgestellt und dem sehr unbestimmten Begriff des fermentum (schon bei PLINIUS) untergeordnet worden. Durch VAN HELMONT (um 1640) wird die fermentatio genauer als ein stofflicher Vorgang erkannt. Eine nachhaltige Wirkung hat die Behauptung von GEORG ERNST STAHL (1697) ausgeübt, daß ein in Fäulnis begriffener Körper seinen Zustand der Zersetzung als eine „innere Bewegung" leicht auf einen anderen Körper übertrage. Der Italiener FABRONI definierte 1787 die Fermentation als die „Zersetzung einer Substanz durch eine andere". Um 1789 beschäftigte sich LAVOISIER mit dem Gärungsvorgange. 1798 wurde von der Pariser Akademie der Wissenschaften eine Preisaufgabe über „Fermentierung" gestellt. 1810 gab GAY-LUSSAC eine erste chemische Reaktionsgleichung für die Zuckervergärung. Um 1813 war das „Ferment" der Gärung in Paris im Handel.

Nach Borelli (um 1660) muß bei der Verdauung mitunter eine fermentatio in die mechanische Zertrümmerung eingreifen, so wie man Metalle in Scheidewasser zergehen lassen kann. Noch mehr Bedeutung erhält die fermentatio bei van Helmont, der auch eine qualitative Verschiedenheit der fermentativen Dynamik je nach dem Organ des Lebewesens annimmt.

Im Jahre 1780 hatte dann Spallanzini beobachtet, daß Magensaft von Vögeln Nahrungsstoffe aufzulösen und Fäulnis zu verhindern vermag. Planche entdeckte 1810 das temperaturempfindliche und lösliche Agens in Pflanzenwurzeln, das Guajactinktur zu bläuen vermag und das später in den Händen von Schönbein zu so wichtigen Ergebnissen geführt hat. Nach v. Armin (1800) wird die Oxydation von Fe durch Berührung mit S beschleunigt; und ähnlich soll nach A. v. Humboldt derselbe Schwefel auch beim Keimen von Samen beschleunigend oder anreizend wirken.

B. Praktische und theoretische Beschäftigung mit katalytischen Reaktionen in den ersten Jahrzehnten des 19. Jahrhunderts.

Es ist von besonderem Reiz, zu sehen, wie anschließend an die ersten Vorarbeiten, mit geradezu stürmischer Gewalt, in den ersten Jahrzehnten des 19. Jahrhunderts der Grund gelegt worden ist zu dem stolzen Gebäude der Katalyse, das die folgenden Generationen errichtet haben.

Vielfach handelt es sich um Fortführung schon bekannter Reaktionen, wie Ätherbildung aus Alkohol, Verzuckerung von Stärke, Veresterung und Verseifung, Gärung usw. Auch die Umwandlung von Rohrzucker in Traubenzucker durch Behandlung mit Mineralsäuren oder Pflanzensäuren wurde beobachtet und studiert (Malaguti). Dazu treten aber epochemachende neue Erfolge mit starken Auswirkungen nach den verschiedensten Richtungen.

3. Das katalytische Werk von H. Davy, L. J. Thénard und J. W. Döbereiner; erste „große" Platinkatalysen und anderes.

Es ist ganz offensichtlich, daß die Verfolgung von *Reaktionen im Mehrphasensystem* für die Anfänge katalytischer Forschung wissenschaftlich ergiebiger werden mußte als die Beschäftigung mit Reaktionen im homogenen System. Dabei tritt sehr bald *ein* Metall in den Vordergrund des Interesses, das noch heute als Prototyp eines Katalysators erscheint: das *Platin* vom Ural, das schon damals dem Forscher zu erschwinglichen Preisen zugänglich wurde.

Am Eingang dieser Entwicklungsperiode steht der berühmte Physiker und Chemiker HUMPHRY DAVY (1778—1829) mit seinen ausgedehnten Versuchen ab 1816 über *die Natur der Flamme*, die sich an seine Untersuchung über eine mögliche Vorbeugung von Grubengasexplosionen anschlossen (Ostwalds Klassiker Nr. 45). In systematischer Arbeit, auf die im einzelnen nicht eingegangen werden kann, ergab sich das überraschende Resultat, daß erhitzter *Platindraht* (und ähnlich Palladium-) *schon unterhalb der Glühtemperatur eine Verbrennung von Methan mit Luft herbeizuführen vermag*, wobei es sich bis zu starkem Erglühen erhitzt, und daß Ähnliches im Falle von Äthylen, Kohlenoxyd, Cyan und Wasserstoff sowie mit Dämpfen von Äther, Alkohol, Terpentinöl und Naphtha im Gemisch mit Luft geschieht. „Man braucht nur eine erwärmte Platindrahtspirale über ein Glas mit einigen Tropfen Äther oder Alkohol zu halten."

Die geringere Wirkung anderer Metalle, z. B. Cu, Ag, Fe, Au, Zn, führt DAVY auf *Verschiedenheiten der Wärmekapazität* und Wärmeleitfähigkeit zurück; das völlige Versagen erdiger Substanzen sowie auch eines Platindrahtes mit Kohleabscheidung oder eines Palladiumdrahtes mit Schwefelüberzug wird dem hohen Wärmestrahlungsvermögen jener Substanzen zugeschrieben; von elektrischen oder gar rein chemischen Gründen ist nicht die Rede.

PAUL ERMAN in Berlin hat einen weiteren Fortschritt erzielt, indem er 1819 beobachtete, daß Knallgas von Zimmertemperatur (10—12° R) schon von mäßig erwärmtem Platindraht (30° R) entzündet wird (s. auch S. 23).

Weiterhin ist vor allem LOUIS JACQUES THÉNARD (1777—1857) zu nennen, der schon vor DAVY mit ähnlichen Versuchen begonnen hatte. In einer Untersuchung über die *Spaltung von Ammoniak* an erhitzten Substanzen stellte er 1813 fest, daß von den Metallen Fe, Cu, Ag, Au, Pt das erstgenannte am stärksten wirkt. Dabei ändert sich der physikalische Zustand des Metalles; es wird brüchig und locker. (Eine Nitridbildung hierbei hat erst DESPRETZ 1829 analytisch festgestellt.) Als Ursache der Erscheinung wird

die gute Wärmeübertragung von Metallen vermutet; ungeklärt
bleibe allerdings, weshalb Fe so viel besser wirke als z. B. Pt.[7]
(Im Jahre 1810 hat Gay-Lussac ähnlich die Spaltung von Cyanwasserstoff an Eisen beobachtet.)

Noch weit größeren Einfluß auf die Entwicklung der katalytischen Forschung haben die Versuche ausgeübt, die Thénard
einige Jahre später (1818—19) über die Zersetzung des von ihm
entdeckten *Wasserstoffsuperoxyds* ausführte. Am wirksamsten erwiesen sich hier Silber und Silberoxyd, denen Platin und Palla-
dium folgten. Außerdem wurden an den allerverschiedensten
Stoffen Wirkungen ungleichen Grades festgestellt; genannt seien:
HgO, Fe, Zn, Cu, Bi, Pb (in Form von Feile), Au, Sn, Os, Ir, Rh;
Superoxyd von Mn (bleibt unverändert) und von Pb (wird zu
niedrigerem Oxyd reduziert, Ag_2O zu Ag); As_2O_3, Mo, Wo, Se
(werden oxydiert); ferner Baryt-, Strontian- und Kalkwasser;
Zucker, Sulfide, Kohle; organische Substanzen wie Fibrin, Gewebeteile von Lunge, Nieren und Milz, Haut- und Gefäßfasern
(schwach wirkend). Manche organische Stoffe wie Harn, Albumin
und Gelatine sind ohne Einfluß. Säuren wirken hemmend und
verzögernd, Alkalien oft begünstigend.

Hinsichtlich der Ursache meint Thénard, sie könne kaum in
der *Affinität* — wenigstens nicht im üblichen Sinne — liegen („du
moins telle qu'on la conçoit ordinairement") und daß sie wahrscheinlich elektrischer Art sei („se rattache à l'électricité"). Andererseits ist Thénard überzeugt, daß es sich bei den Wirkungen
auch der heterogensten Stoffe um eine und dieselbe „Kraft"
handle: „tous ces effets sont dus à une même force". Diese
Kraftäußerung aber stellt er in überraschendem Weitblick in
*Analogie zu den Vorgängen bei den animalischen und vegetabilischen
Sekretionen*, die damals eben genauer bekannt zu werden be-
gannen. „Serait-il déraisonnable de penser, d'après cela, que c'est
par une force analogue qu'ont lieu toutes les sécrétions animales
et végétales? Je ne l'imagine pas[8]." Später, in seinem Lehrbuch
der theoret. und prakt. Chemie, Übersetzung von G. Th. Fechner
Bd. 2 (1826), geht Thénard der Analogie der H_2O_2-Zersetzung
und organischer Vorgänge noch weiter nach, wobei auch die
Gärung des Zuckers „durch einige Hundertteile Ferment" heran-
gezogen wird; desgleichen vermutet Thénard innere Beziehungen
zu den Vorgängen der Explosion und der NH_3-Zersetzung durch

Metalle. Da hier weder der „Wärmestoff", noch Licht, noch Magnetismus eine Rolle spiele, müsse die Erscheinung wohl auf Rechnung des „elektrischen Fluidums" zu buchen sein. *Eine Art erste Definition der Katalyse* gibt THÉNARD 1819, wenn er im Anschluß an seine H_2O_2-Versuche die gebrauchten Agenzien dahin charakterisiert, daß sie wirken können, ohne selber verändert zu werden: „sans rien absorber, sans rien céder"! (Dem ist unmittelbar an die Seite zu stellen eine Äußerung von TH. DE SAUSSURE aus dem gleichen Jahre, wonach die fermentative Spaltung von Zucker als „accélération", mithin als Beschleunigung eines sonst langsam stattfindenden Vorganges aufzufassen ist. Siehe auch DÖBEREINER S. 6.) Auf THÉNARDS weitere katalytische Arbeiten wird noch zurückzukommen sein (S. 16).

Haben sich DAVY und THÉNARD immerhin auf das Studium wichtiger Einzelfälle beschränkt, so ist nunmehr ein Forscher zu nennen, der nicht nur hinsichtlich der katalytischen Wirkung des Platins zu überraschenden neuen Resultaten gekommen ist, sondern der sich auch insofern als katalytischer Forscher im besonderen Sinne betätigt hat, als er über Jahrzehnte immer und immer wieder katalytische Erscheinungen zum Gegenstand ernsten Studiums gemacht hat. Dieser Dritte und zugleich „Größte im Bunde" ist JOHANN WOLFGANG DÖBEREINER, Goethes berühmter Freund und chemischer Berater.

DÖBEREINER, 1780—1849, nach wechselvollen Jugendschicksalen vom stellenlosen Apothekergehilfen 1810 zum Professor der Chemie in Jena aufgestiegen, vielseitiger, ideenreicher und äußerst tätiger Forscher mit bedeutenden Leistungen experimenteller wie theoretischer Art (Chemie der Platinmetalle, Katalyse, „Triaden" der Elemente usw.)[9].

Schon bei der Stärkeverzuckerung (S. 6) sind wir auf DÖBEREINERS katalytischen Scharfblick aufmerksam geworden, der sich weiterhin in der mannigfaltigsten Weise geoffenbart hat. Die erste wichtigere katalytische Untersuchung, die DÖBEREINER in Jena ausgeführt hat, betrifft die von ihm wohl zuerst vorgenommene *Zersetzung von Kaliumchlorat in Gegenwart von Braunstein* behufs Gewinnung von Sauerstoff (1820). Zur Erklärung führt DÖBEREINER an, daß es sich hier um eine Art Anstoßwirkung durch feste Substanz handle, „so wie das schnelle Kochen klarer Flüssigkeiten durch Hinzutun zerbrochenen Glases oder eines anderen harten und spitzen Körpers, welcher die Wärme schnell leitet und ausstrahlt".

Die bedeutsamsten weiteren katalytischen Beobachtungen und Erfolge Döbereiners seien kurz zusammengestellt:

1821: Alkohol kann mittels fein verteilten Platins schon in der Kälte zu Essigsäure oxydiert werden. Das „Platinsuboxyd", das aus Kaliumplatinchlorid hergestellt wurde, „erleidet bei dieser Metamorphose des Alkohols *keine Veränderung*, und man kann dasselbe sofort gebrauchen, um neue, *vielleicht unendliche Quantitäten* des Alkohols zu säuern".

1822: In Glasröhren wird mit Alkohol befeuchteter Sand eingefüllt und mit Pt-Staub oder Braunstein überschichtet; die Pulver werden glühend und bleiben so, bis der Alkohol verbraucht ist.

1823: Starke „Absorption" oder „Einschlürfung" brennbarer Gase durch „Platinsuboxyd". Mit Wasserstoff beladenes „Platinsuboxyd" zieht den Sauerstoff der Luft an und bildet H_2O; bei O-Mangel entstehen auch kleine Mengen NH_3 (irrig!).

27. Juli 1823: *Platinschwamm*, durch Erhitzen von Pt-Salmiak gewonnen, wird auf Knallgas einwirken gelassen: die Gase vereinigen sich, und der Pt-Schwamm wird im Falle von Sauerstoff statt Luft so heiß, daß das ihn einhüllende Papier verkohlt. Die Vereinigung findet auch statt, wenn der Sauerstoff nur 5% oder noch weniger beträgt.

3. August 1823: Pt-Schwamm auf einem Uhrglas ausgebreitet oder in einen kleinen, unten geschlossenen Trichter geschüttet und Wasserstoff so darauf geleitet, daß sich das Gas vor dem Auftreffen mit Luft mischen kann: *fast augenblickliche Entflammung!* (Früher, wie auch in Versuchen von H. Davy, Erman u. a. nur flammenlose Vereinigung unter *Erglühen* des Platins.)

18. September 1823: Vortrag auf der Tagung Deutscher Naturforscher und Ärzte in Halle, 20. September Vorführung der Experimente.

Auch noch 1823: Schwefelplatin wandelt CO unter Abscheidung von C in CO_2 um; NH_3, CH_4, H_2S und HCl lassen sich mit Pt-Schwamm nicht entflammen; fein verteiltes Ni wirkt auf Knallgas ähnlich wie Pt, aber viel langsamer. Erste Darstellung von Pt-Schwamm auf Träger, und zwar zunächst Pt-Draht mit Pt-Salmiak überzogen und geglüht; später Kügelchen aus Töpferton platiniert.

1831: Iridiummohr hat u. U. noch höhere Zündkraft als Pt.

1831: Partielle Oxydation organischer Substanzen (behufs Analyse) mittels verdünnter Schwefelsäure in der Kälte, unter Zugabe von Braunstein. (Eine Art Vorläufer der späteren Kjeldahl-Verfahrens.)

1832: Ein Gemisch von SO_2 und O_2 kann mit Hilfe von „hygroskopisch feuchtem Pt-Mohr" zu rauchender Schwefelsäure vereinigt werden (ähnlich Phillips 1831); Äthylen und O_2 lassen sich mit trockenem Pt-Mohr in Essigsäure überführen.

1834: Bericht über ausgedehnte Absorptionsversuche mit Pt.

1835: Oxydation von Oxalsäure zu CO_2 und von ameisensauren Salzen zu Carbonaten in Gegenwart von O_2-beladenem Pt-Pulver.

1843: Bestätigung von Cahours Angabe, daß Fuselöl mit Pt-Schwarz in Valeriansäure umgewandelt werden kann; Oxydation von Glycerin und von Mannit mittels „oxyphoren" Platins zu CO_2 und H_2O.

1844: Die Wirkung von Pt kann gesteigert werden durch Befeuchtung mit schwacher Kalilauge[10].

Wie die Aufzählung zeigt, stehen Döbereiners katalytische Arbeiten — in engem Anschluß an seine sonstige chemische Beschäftigung — vorwiegend *unter dem Zeichen des Platins*. Von seinem Großherzog Karl August von Weimar waren ihm schon vor 1820 einige Kilo Platin aus dem Ural zur Verfügung gestellt worden, und dem Platin ist seine besondere Zuneigung erhalten geblieben bis ans Ende[11].

Schon die trockene Aufzählung der Hauptdaten läßt erkennen, wie vielseitig und erfolgreich Döbereiners fortgesetzte Bemühungen gewesen sind, wobei ihm allerdings zu statten kam, daß ja gerade das *Platin ein Metall mit unerschöpflichen katalytischen Fähigkeiten* ist, darunter solchen von besonders auffallender und weitreichender Art bei Oxydationsreaktionen. Der bedeutenden Leistung entspricht auch der gewaltige Eindruck, den Döbereiners neue Beobachtungen, und zwar vor allem diejenige vom 3. August 1823, in der Fachwelt und teilweise auch darüber hinaus gemacht haben[12], ein Eindruck, der vergleichbar ist späteren Entdeckungen wie etwa der Auffindung der Röntgenstrahlen und der Radioaktivität oder in unseren Tagen der Entdeckung des Deuteriums und des schweren Wassers sowie der kosmischen Höhenstrahlung.

Was dieses erst bei Einfühlung in die Verhältnisse jener Zeit voll einleuchtende große Aufsehen bewirkt hat, ist offensichtlich die Tatsache, daß hier dem Beschauer etwas Neues vor die Augen gestellt wurde, zu dem die sonstigen chemischen Erfahrungen jener Zeit keine Brücke schlagen konnten. *Gerade in diesem Falle der Entflammung von Knallgas durch Platin schon bei Zimmertemperatur tritt das Besondere, Eigenartige, ja Rätselhafte und Geheimnisvolle desjenigen, was später Katalyse genannt worden ist, besonders deutlich und auffällig zutage*: das über alle Stöchiometrie Erhabensein, das scheinbar außerhalb jeder chemischen Verwandtschaft Stehen; dazu die zeitliche Unerschöpflichkeit der „Kraft", die hier wirkt, indem das gleiche Stück Platinschwamm immer und immer wieder tätig ist (Döbereiner selbst hatte seinen Versuch vom 27. Juli 1823 am gleichen Tage mindestens dreißigmal wiederholt). Zu diesem an den Verstand des chemisch Erfahrenen sich wendenden Moment kommt aber noch ein weiterer Grund rein sinnlicher Art, der auch auf den Laien nie seinen Eindruck verfehlt: es ist die *Erscheinung der plötzlichen Entflammung* im „Aufblitzen des prometheischen Funkens", die, das Auge fesselnd, in jenen Zeiten der Herrschaft von Feuerstein, Stahl und Zunder und noch vor der Erfindung der „Schwefel"- und Phosphorhölzer sicher in ganz anderem Maße etwas „Besonderes" sein mußte als in unseren fortgeschrittenen Tagen beliebiger Möglichkeiten des Licht- und Feueranzündens und dazu noch beliebiger Einschaltung elektrischen Lichtes! An diese Zeitverhältnisse muß man denken, wenn man liest, wie der bescheidene Döbereiner selber 1824 von seinen Versuchen sagen konnte: „Sie haben großes Aufsehen erregt, wurden von beinahe allen Chemikern Deutschlands, Frankreichs und Englands wiederholt und von mehreren derselben" (folgen 12 Namen „u. a.") „weiter verfolgt."

Mit den letzten Worten ist schon angedeutet, daß es nicht bei dem bloßen Aufmerken und Anstaunen geblieben ist. Tatsächlich haben Döbereiners katalytische Entdeckungen nebst den anschließenden Bemühungen um ein Pt-Feuerzeug *der ganzen chemischen Forschung seiner Zeit einen gewaltigen Impuls* gegeben, der zu den verschiedensten neuen Beobachtungen wie auch zum Nachdenken und zu gewissen Vorstellungen über die Natur der neuen Erscheinung geführt hat.

4. Auswirkung der Arbeiten Döbereiners und Weiterführung durch andere Forscher.

Wir können aus der Fülle des Neuen, das mittelbar auf Döbereiner zurückzuführen ist, nur das Wichtigste, und zwar auch nur stichwortartig anführen. Dabei wird sich zeigen, daß in der Reihe der „Angeregten" kaum ein großer chemischer Name der Zeit fehlt:

Besonders rasch und eingehend hat sich Thénard, diesmal zusammen mit P. L. Dulong, mit Döbereiners Ergebnissen der Knallgaskatalyse befaßt, wie zunächst eine Arbeit zeigt, die bereits am 15. September 1823 der Pariser Akademie der Wissenschaften vorgetragen wurde. Die umfangreiche Untersuchung betraf vor allem die Wirksamkeit verschiedener Katalysatoren: mannigfache Formen des Pt, wie Feilspäne, dünne Folie, Schwamm, Pulver auf verschiedenen Wegen dargestellt; Unwirksamwerden des Pt, schon beim Liegen an der Luft; günstige Wirkung des Ausglühens, namentlich bei Wiederholung. Auch durch Kali- oder Natronlauge kann unbrauchbar gewordener Draht wiederbelebt werden. Durch sehr starkes Glühen büßt Pt-Schwamm viel von seiner Wirksamkeit ein; durch Eintauchen in Hg wird Pt-Draht unbrauchbar. Ferner gibt Thénard einen Vergleich mit anderen Stoffen unter Betonung der Schwierigkeit, ganz gleiche Bedingungen der Oberfläche und der „Konfiguration" herzustellen: Ähnlich wirksam sind Pd, Ir, Rh, auch Os, Ni als Schwamm; Au wirkt erst von ca. $260°$ ab, Ag von $150°$, Co und Ni massiv bei $300°$; eine gewisse Fähigkeit besitzen auch Kohle, Bimsstein, Porzellan, Glas, Quarz und vielleicht auch Flußspat und Marmor. Schließlich wird über einige *andere Katalysen* berichtet: aus NO oder N_2O und H_2 erzeugt Pt-Schwamm Wasser; CO läßt sich in Gegenwart von Luft zu CO_2 oxydieren, C_2H_4 von $300°$ ab. Zugleich werden Vorstellungen über die Ursache der Erscheinung entwickelt, auf die noch zurückzukommen ist (S. 24).

Michael Faraday, London (auch noch im Herbst 1823): Pt-Schwamm erhitzt sich schon, wenn in einem Rohr nur H_2 darübergeleitet wird. („Absorption"; Fortsetzung in der Veröffentlichung von 1834 [s. S. 27].)

Chr. G. Gmelin, Tübingen: Weder Ag- noch Au-Schwamm haben ähnliche Wirkung.

W. Herapath (ein Vorläufer in der Ausbildung der kinetischen Gastheorie), Bristol; Veröffentlichung vom 20. Oktober 1823: Unterhalb Zimmertemperatur Nachlassen der Fähigkeit des Pt-Schwamms. Mechanische und thermische Erklärungsweisen erscheinen unzulänglich; vielleicht „elektrische" Erscheinung (obwohl mit dem Elektrometer kein Anzeichen von Elektrizität zu beobachten sei).

Garden, London: Pt-Schwamm zündet auch noch bei 32° F ($= 0°$ C); auch Os- und Os-Ir-Schwamm wirken analog.

A. M. Pleischl, Prag: Beschäftigung mit der *Porosität* des Pt-Schwamms; Bedeutung der „feinen Verteilung": große Wirksamkeit veraschten „Platinpapieres" u. dgl. Von früherem Gebrauch her zerfressener Pt-Draht, der „matt, schwarzgrau und voller Flecken war und mit dem Vergrößerungsglas betrachtet, ein Gewebe und eine Verflechtung der feinsten und zartesten Fäden zeigte", glühte leichter auf als frischer Draht; dagegen war mit Hg durchdrungener Pt-Schwamm unwirksam. Pd steht hinter Pt deutlich zurück; unwirksam sind Sb, As, Wo, Au, Ag (auch als Oxyd und Chlorid).

Friedrich Wöhler, damals noch in Kassel: Wirkung von Pt auf feste brennbare Körper; Gemisch Korkfeile und Pt-Salmiak unter Luftabschluß erhitzt, die erhaltene Kohle entzündet sich leichter als Pt-Zusatz; noch entzündlicher aber ist ein in H_2 geglühtes Gemisch von Korkkohle und Grünspan. Ähnlich wie H_2, aber erst bei höherer Temperatur, bringt ein Cyangasstrom Pt-Schwamm zum Erglühen. Pd-Schwamm auf den Docht einer nicht angezündeten Spirituslampe gelegt, zeigt Kohleabscheidung; die abgelöste Kohle hinterläßt beim Glühen einen Pd-Rückstand.

E. Turner, London (Schüler Stromeyers in Göttingen): 1824 Versuche mit Döbereiners Kugeln aus Töpferton und Pt (zur Erhöhung der Porosität bei der Herstellung etwas Salmiak zugesetzt); Veränderung der Zusammensetzung bis herab zum Verhältnis 1 Tl. Pt : 8 Tl. Ton : 6 Tl. Kieselerde; nur die Pt-reicheren Pillen wirkten explosionsartig. Pt kann (nach Blundell) auch H_2 und Cl_2, sowie H_2 und J_2 vereinigen; auf Steinkohlengas, Äthylen und CO wirkt es bei gewöhnlicher Temperatur kaum oder gar nicht. Im Anschluß hieran (mit Rücksicht auf Verwendung des Pt in der Gasanalyse) *die erste systematische Untersuchung über den Einfluß verschiedener Fremdgase auf die Knall-*

gaskatalyse, qualitativ und quantitativ: CO, SO_2, H_2S, NH_3 verhindern die Wirkung schon in geringen Mengen, CO_2 und HCl erst in größerer Konzentration. Das vorherige Behandeln der Pt-Kugeln mit H_2S und NH_3 und das Vollsaugen mit H_2SO_4, HNO_3, HCl usw. vernichten die Wirksamkeit; doch können die Kugeln durch Ausglühen wieder brauchbar werden. Vergleich der Wirkung von Pt-Draht, Folie, Schwamm usw.

WILLIAM HENRY in Manchester (Freund DALTONS; s. HENRYsches Gesetz), 1825: Ergänzung der Arbeiten von TURNER; CH_4 fast ohne Einfluß; Temperaturstufen der Oxydationswirkung von Pt bei verschiedenen Gasen: CO beginnt bei 150° oxydiert zu werden, C_2H_4 bei 260°, CH_4 und Cyan werden noch bei 290° nicht angegriffen. (Fortsetzung der Versuche durch W. CH. HENRY 1836.)

RUDOLF CHRISTIAN BÖTTGER, 1806—81, Schüler DÖBEREINERS und durch dessen Einfluß von der Theologie zur Chemie übergegangen, ab 1835 in Frankfurt a. M. und hier 1848 Erfinder der Sicherheits-Phosphorhölzer. Zahlreiche Beobachtungen bei der Beschäftigung mit der Vervollkommnung von DÖBEREINERS Feuerzeug (besondere Veröffentlichung über die „Zündmaschine" 1838): schädlicher Einfluß von NH_3 (von DÖBEREINER als „depotenzierende Wirkung" bezeichnet); Wichtigkeit der Reinheit aller Substanzen; Verwendung von Pt-Asbest (ebenso SCHWEIGGER).

Bedeutungsvoll war auch eine Arbeit von LIEBIG 1829[13]. Hierin wies er nach, daß das „fulminating platinum" von EDMUND DAVY (einem Vetter von H. DAVY) sowie DÖBEREINERS „Platinsuboxyd" Platinmetall in feinster Verteilung sei. Er nannte das Präparat „Platinschwarz", DAVY bald darauf „Pt-Mohr", analog dem damals schon bekannten „Eisenmohr". Dabei machte LIEBIG die wichtige Beobachtung, daß „durch eine gewisse Menge von fremden Körpern, die eine noch größere Verteilung des Platins bewirken, seine Eigenschaften vermehrt oder erhöht" werden können (z. B. Pt-Schwarz gemeinsam mit CuO niedergeschlagen). Unwirksam könne Pt-Schwarz werden durch „Zusammenschweißen" in der Hitze, Verunreinigung (Schmutz und Staub) und Sauerstoffmangel im Präparat (Abhilfe durch Ausglühen oder Auskochen).

Außerdem liegen noch anschließende Versuche vor von SCHWEIGGER, KASTNER, PFAFF, FISCHER, FUCHS, BUCHNER u. a. m.

Es entspricht dem durchaus auf kulturellen Fortschritt und Gemeinnutz eingestellten Sinne Döbereiners, wenn er von Anfang an dauernd auch an *praktische Anwendung seiner katalytischen Beobachtungen* denkt und selber eine ganze Anzahl kleine und große technische Verwendungszwecke ersinnt und verfolgt. Wir verzeichnen nur kurz:

Essigsäurefabrikation aus Alkohol mittels Platin, bis zur Versuchsfabrikation gediehen, war aber der gleichzeitig aufgekommenen fermentativen Schnellessigfabrikation von Schützenbach gegenüber nicht lebensfähig.

In bezug auf H_2—O_2: *Eudiometer, Duftlampe* und *Feuerzeug* auf Pt-Basis; auch ,,blitzende Buchstaben", die im Wasserstoffstrom aufglühen. Ferner wiederholte Anregung, die Stoßkraft an Pt explodierenden Knallgases ,,zur Bewegung einer kleinen Dampfmaschine" zu benutzen, d.h. Explosionsmotoren mit Pt-Zündung zu bauen.

Den ungewöhnlichen, ja genialen Weitblick Döbereiners zeigt am auffälligsten seine *Idee eines katalytischen Aufbaues von Zucker* oder, wie er es nennt, ,,einer Wiederherstellung des Zuckers

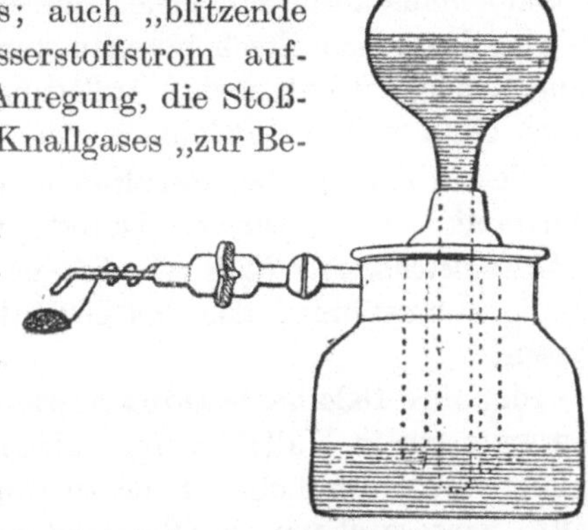

Früheste Form von Döbereiners Feuerzeug 1823, beschrieben in ,,Beiträge zur pneumatischen Chemie", Teil 4, 1824.

aus Alkohol und Kohlensäure" mit Hilfe von Platin als ,,Ferment". *Eine Analogie der neuen Erscheinungen mit der bekannten Fermentwirkung bei der Gärung* war Döbereiner durchaus selbstverständlich. Vorstellungen über die ,,galvanische" Natur der Wirkungsweise auch von Fermenten führte Döbereiner zu dem allerdings erfolglosen Versuch, eine Zuckerlösung durch Einführung eines ,,Metallpaares", nämlich Pt- und Zn-Staub, zur Gärung zu bringen; und als Umkehrung erscheint es, wenn er bereits 1824 versuchte, durch Einwirkungen von ,,Platinsuboxyd" auf eine Mischung von Alkoholdampf und CO_2 in dem Verhältnis, wie beide Stoffe bei der Gärung gebildet werden, Zucker synthetisch zu erzeugen: ,,ein kühnes Programm der organischen Synthese für kommende Jahrhunderte" nach Walden[14].

2*

5. Anfänge einer katalytischen Theorie, insbesondere für die heterogene Katalyse. Döbereiners Einstellung hierzu.

Die theoretischen Anschauungen der ersten Jahrzehnte des 19. Jahrhunderts (bis Berzelius 1835) finden ihren Ausdruck und werden vertieft in den Vorstellungen, die Döbereiner über das Wesen der neuartigen Erscheinungen entwickelt hat. Dabei ist zu beachten, daß es damals noch an einem klaren Begriff und zusammenfassenden Namen für derartige Reaktionen gebrach, und ferner, daß Döbereiner selber im Laufe jahrzehntelanger Beschäftigung mit katalytischen Fällen und in Wechselwirkung und Gedankenaustausch mit vielen Forschern seiner Zeit sich über das Wesen der neuen Erscheinungen zunehmend deutlichere Vorstellungen gemacht hat, so daß Äußerungen aus verschiedenen Jahren nicht ohne weiteres gleichzuwerten sind.

Wesentlich für das Resultat seiner Überlegungen mußte der Umstand werden, wieweit Döbereiner imstande war, die *Ähnlichkeit gleichartiger Fälle zu erkennen* oder gewissermaßen gefühlsmäßig aufzuspüren, also das Gleichbleibende im Wechsel zu erfassen.

Im Jahre 1824 hatte Döbereiners rühriger Freund Christoph Schweigger in Halle[15] vorgeschlagen, „um zu einem Gesetz zu gelangen, alle ähnlichen Fälle zu sammeln", bei denen ein Kontakt „gewisse chemische Verwandtschaften herbeiführt, die vorher nicht vorhanden waren oder die vorhandenen erhöht" (= Hervorrufung oder Beschleunigung!), und er hatte weitblickend hierbei selber neben Thénards NH_3-Spaltung, Gay-Lussacs Zersetzung von HCN, Thénards H_2O_2-Zersetzung und Davys Glühlampe auch schon den Fall der Wirkung des Stickoxyds bei der Schwefelsäuregewinnung mit angeführt. Döbereiner hatte sich zunächst gegen eine solche Ausdehnung der „Ähnlichkeit" ablehnend verhalten und sogar die *zersetzende* Wirkung des Pt bei der H_2O_2-Zersetzung als wesensverschieden von der *verbindenden* Wirkung bei der Knallgasreaktion erklärt[16]. Andererseits hat er jedoch, ebenso wie Thénard, die Wirkung des „Fermentes" bei der Gärung mit seinen Beobachtungen in Analogie gebracht (siehe auch S. 26). Trotz solcher einzelnen, insbesondere anfänglicher Uneinheitlichkeiten und Schwankungen hat Döbereiner im ganzen doch eine zutreffende Allgemeinvorstellung von der Eigen-

art der neuen Erscheinung gehabt; das läßt schon sein Brief an
Goethe vom 29. Juli 1823 (also noch vor dem Entflammungsver-
such des 2. August!) erkennen, worin er, seine neuen Beobachtungen anzeigend, sie dahin kennzeichnet, daß rein metallisches
Platin das Wasserstoffgas *„durch bloße Berührung und ohne alle
Mitwirkung äußerer Potenzen"* zur Verbindung mit Sauerstoff bestimmt.

Das ist im Keime bereits der *Begriff der Katalyse*, wie ihn
BERZELIUS später schärfer fixiert hat; und nimmt man noch die
Vorstellung DÖBEREINERS von 1808 über die Stärkeverzuckerung
hinzu, daß der Vorgang auch ohne den Fremdstoff, wenngleich
langsamer, stattfinden könne (S. 6), so ist bereits das *Begriffsmerkmal der Beschleunigung* zum mindesten sporadisch aufgetaucht. Unter diesen Umständen erscheint es folgerichtig, daß
DÖBEREINER bei dem Bekanntwerden der Definition von BER-
ZELIUS 1835 sich nicht zu den zahlreichen Gegnern der neuen Begriffsbestimmung gesellt; nur an dem Namen hat er etwas aus-
zusetzen, indem er die Erscheinung lieber „metalytisch" nennen
möchte.

Bei seinem starken theoretischen Sinne — man denke nur an
die Aufstellung der „Triaden" Cl, Br, J; Ca, Sr, Ba —, der die
vorherrschende experimentelle Neigung auf das glücklichste er-
gänzte, hat sich DÖBEREINER auch wiederholt mit der *Frage des
tieferen Grundes* der neuen Erscheinung beschäftigt; daß sich aber
auch in dieser Beziehung ein gewisses Schwanken zeigt, ist bei
dem unzulänglichen Stand der damaligen chemischen Theorie
durchaus verständlich. Andererseits ist es von Reiz und Wert,
zu sehen, wie *die Keime verschiedenster überhaupt möglicher Vorstellungen über das Wesen der Katalyse bei* DÖBEREINER *hie und
da schon sichtbar werden.*

a) Beginnen wir mit *„mechanistischen" Anschauungen*, so steht
im Zeitalter DALTONS erklärlicherweise im Hintergrunde die Vorstellung eines *Stoßes der Atome.* Eine streng mechanistische Vorstellung hat DÖBEREINER jedoch nur für den Fall der Chloratzersetzung in Gegenwart von Braunstein entwickelt (S. 12); dazu
ist bemerkenswert, daß er jenen Fall einer als wenig spezifisch
angesehenen „Keimwirkung" anscheinend gar nicht als wesensverwandt mit den übrigen für gleichartig empfundenen Reaktionen erkannt hat. Für seine Gasreaktionen entwickelt

Döbereiner sehr früh die Vorstellung, daß eine durch „Attraktion" bewirkte *mechanische Verdichtung von Gasen an der Oberfläche von Metallen für die beobachteten Vorgänge bestimmend oder doch wenigstens mitbestimmend sei*. Von einer solchen „Verdichtung" hat schon Theodor de Saussure 1812 geredet, wenn er im Anschluß an die Frage einer Wasserbildung aus H_2 und O_2 an Holzkohle (behauptet von Rouppe und van Noorden 1799) erklärt, eine solche Wasserbildung finde gemäß seiner Nachprüfung nicht statt, doch sei unzweifelhaft mit der Möglichkeit zu rechnen, daß „die Verdichtung, welche die Gase in der Kohle erleiden, die Verbindung ihrer Grundstoffe erleichtere".

Eine derartige Vorstellung über die Bedeutung der „Absorption" (noch nicht „Adsorption"!) oder Verdichtung von Gasen hat auch in Döbereiners Anschauungen eine große Rolle gespielt, und er hat selber schon 1823 eingehende Messungen darüber gemacht: z. B. 100 Gran Pt-Suboxyd „schlürfen ein" unter Erhitzung 15—20 Kubikzoll H_2 (umgerechnet: 1 g Pt-Mohr nimmt 150—250 ccm auf). Weiter berechnet Döbereiner (1834), daß der absorbierte Sauerstoff unter einem Druck von 800—1000 Atmosphären stehen müsse; Pt-Mohr erscheint demnach als „Sauerstoffsauger" oder „Oxyrrhophon"[17]. Stutzig muß ihn allerdings die Beobachtung machen, daß Pt-Schwamm eine derartige starke Absorption nicht zeigt und dennoch gut wirksam ist. So nehmen denn Döbereiners mechanistische Anschauungen folgerichtig bald einen Weg in das Gebiet des „Elektrischen" und des Chemischen [s. unter c) und d)].

b) Thermische Vorstellungen. Daß die entwickelte Wärme durch Temperatursteigerung die einmal begonnene Knallgaskatalyse noch weiter fördert, ist Döbereiner ohne weiteres geläufig; auch kennt er, wie an der Chloratzersetzung deutlich wird, die Bedeutung der Wärmeleitfähigkeit von Metallen, auf die 1813 Thénard und 1817 H. Davy hingewiesen hatten. Karmarsch folgert 1823 aus vergleichenden Versuchen über die langsame Verbrennung von Alkohol und Äther, daß der ungleichen Wirkung beliebiger Metalle eine entsprechende Verschiedenheit der Wärmeleitung *nicht* parallel gehe, daß diese also bei der neuen Erscheinung ebensowenig eine grundlegende Bedeutung besitze wie etwa die Unschmelzbarkeit oder Nichtoxydierbarkeit. Auch für Döbereiner spielen thermische Gesichtspunkte keine wesentliche Rolle, obwohl er einmal (1824) gegen Schweigger bemerkt, bei Davys Glühlampe handle es sich um ein „Wärmephänomen", das auch durch andere Substanzen hervorgerufen werden könne.

c) Beziehung zu elektrischen Erscheinungen. Nachdem von H. Davy (1806—07) und ungefähr gleichzeitig auch von Berzelius grundlegende Resultate über die *engen Beziehungen und die Wechselwirkung von stofflichen Vorgängen und elektrischen Erscheinungen* erhalten worden waren (s. Ostwalds Klassiker Nr 45 und 35), lag es bei dem Versagen primitiver mechanischer und thermischer Vorstellung nahe, den Blick auf eine mögliche „elektrische Ursache" der neuen Erscheinung zu richten.

Vorangegangen war hier Paul Erman, Berlin (Schopenhauers Lehrer in Physik), im Anschluß an seine umfangreiche Untersuchung von 1818 über das Verhalten des glühenden Platindrahtes bei Davys „aphlogistischer Lampe" gegenüber elektrischen Ladungen (s. auch S. 10). „Unipolare Leitung" kann bei Vorgängen wie der „Verbrennung des Weingeistes ohne Flamme" mit ihrer „reziproken Wirkung zweier entgegengesetzten elektrischen Tätigkeiten" keine Rolle spielen, doch hält Erman die Möglichkeit einer Aufklärung auf Grund irgendwelcher besonderen elektrischen Prozesse für gegeben. Die *Spezifität* der Wirkung erkennt auch er an; selbst ein vollkommen glatter Platindraht ist allen anderen Metallen an „Zündkraft" überlegen.

Auch Döbereiner neigt früh einer *elektrischen Erklärung* zu, indem er z. B. bereits in dem obenerwähnten Briefe an Goethe eine „neue elektrische Kette" annimmt, „bestehend aus einer elastisch-flüssigen und einer starren Substanz", wobei „das Wasserstoffgas die Funktion des Zinks nicht bloß übernimmt, sondern noch kräftiger und mit mehr auffallender und überraschender Erscheinung äußert als dieses". G. Schmidt hob 1826 hervor, daß Pt einer der ersten Körper in der Reihe der elektronegativen, Wasserstoff entsprechend in der Reihe der elektropositiven sei, so daß hieraus die hervorragende Stellung des Platins hervorgehe. In gleicher Gedankenreihe liegt auch die Vorstellung von Schweigger 1831, daß „die im hohen Grade elektropositiven Stoffe die Zündkraft des Platinaschwammes vermindern, während die im hohen Grade vom positiven Pol angezogenen (elektronegativen) Körper von entgegengesetzter Wirkung sind". (Noch 1885 hat H. E. Armstrong angenommen, daß der Katalysator einen VOLTASCHEN Stromkreis mit den reagierenden Molekeln schließen könne.)

Mit diesen besonderen sowie mit sonstigen spekulativen Ausführungen SCHWEIGGERS (1823 und weiterhin) über eine mögliche Erklärungsweise auf Grund der „Krystallelektrizität" (von Turmalin, Borazit usw.) hat sich DÖBEREINER nicht befreunden können, obgleich hierbei beachtenswerte Gesichtspunkte hinsichtlich der *Struktur* der wirksamen Körper zum Vorschein kamen; wird doch von SCHWEIGGER sogar schon geltend gemacht, daß es sich nicht nur bei Platinschwamm (mit vielen „Spitzen"), sondern auch schon bei dem massiven Draht von DAVYS Glühlampe nicht um eine Wirkung der ganzen Masse handle, sondern daß es immer „auf die *Fülle der Anlegepunkte* ankommt": eine bemerkenswerte erste Vorahnung der Bedeutung „aktiver Stellen" gemäß der heutigen Theorie von Oberflächenkatalysen (H. S. TAYLOR, SCHWAB und PIETSCH; s. auch S. 111).

d) Dagegen gewinnt bei DÖBEREINER mehr und mehr die Oberhand eine ausgesprochen *chemische Deutung*, und zwar in der Linie des Gedankens von SCHWEIGGER, „daß zwischen dem Mechanischen und dem Chemischen noch etwas in der Mitte liegen müsse", etwas von „disponierender, vorbereitender oder die vorhandene gleichsam befruchtender Verwandtschaft", jedoch „in einem anderen Sinne, als sonst der Ausdruck gebräuchlich war in der Chemie"; statt der „allgemeinen indifferenten Körperanziehung" sei hier „polarische Anziehung" gemäß BERZELIUS' dualistischer Theorie tätig, so daß man sich zur Erklärung der Platinwirkung nicht „auf die luftkondensierende Eigenschaft feiner Pulver" berufen dürfe, sondern eine „unbekannte Eigenschaft" anerkennen müsse, die dem Platin in besonders hohem Maße zukomme.

Auch der Elektriker CHR. K. PFAFF (Kiel) hob 1824 hervor, daß „ein solches Haufwerk von feinen Platinaspitzen seine vorzügliche Wirksamkeit mehr noch seiner eigentümlichen Platin-Natur als seiner Zerfaserung verdanke". Durch Vergrößerung der Oberfläche wird „nur die dem Platin an sich schon zukommende Eigenschaft" weiter gesteigert.

Nach THÉNARD besteht aber (s. S. 16) die Schwierigkeit, daß „chemische Verwandtschaft gewöhnlicher Art" hier im Stiche läßt. „Neue Forschungen müssen angestellt werden, um diese Ursache mehr noch zu enthüllen, als bisher geschehen konnte."

Eine ausgesprochen *chemische Deutung* der Katalyse auf Grund der Annahme faßbarer *Zwischenverbindungen* mußte einem Forscher wie DÖBEREINER, dem das edle, also wenig reaktionsfähige Platin im Mittelpunkt des Interesses stand, mit der Beobachtung unvereinbar erscheinen; hier bleibt ein „Rest", der erst anderen Forschern auf Grund anderer Beobachtungen auflösbar werden konnte (s. S. 38).

Im ganzen wird es der *endgültigen Stellungnahme* von DÖBEREINER entsprechen, wenn er in späteren Jahren, unter Beibehaltung der Vorstellung einer Beteiligung der Absorption sowie „elektrischer Vorgänge", mehr und mehr die *spezifisch auswählende Art* der neuen Erscheinung anerkennt und betont. Kennzeichnend für eine solche chemisch fundierte und dabei doch nach anderen Richtungen hin vermittelnde Auffassung ist der Satz (1835), daß es sich bei der Essigsäurebildung mittels Platin handle um eine *„mechanische Verbindung des Platins mit Sauerstoff"*, die sich „mit Alkohol zu Essigsäure und entsauerstofftem Platin umsetzen" soll.

Hier scheint einerseits die gedankliche Schwierigkeit überwunden, die für eine rein c h e m i s c h e Auffassung darin liegt, daß blankes kompaktes „edles" Platin sich bei gewöhnlicher Temperatur mit Sauerstoff (oder Wasserstoff) „regelrecht" chemisch verbinden soll; andererseits ist eine *„cyclische Wirkungsweise des Katalysators"* in abwechselndem Eingewickeltwerden und Sichauswickeln, in Eingeschaltetwerden und Sichausschalten, das heute als wesentliches Merkmal der typischen Katalyse erscheint, mit voller Klarheit ausgesprochen. Platinmohr ist darnach ein „Sauerstoffsauger" oder Oxyrrhophor, und *Sauerstoffabsorption* ist, in Übereinstimmung mit der Auffassung LIEBIGS von 1829, die eigentliche *Grundlage zum mindesten der Oxydationswirkungen des Platins.* Hier wird auch eine frühere „Enge" überwunden, indem betont wird, die „mechanische Verbindung des Pt mit dem Sauerstoff" nebst anschließender Rückbildung des freien Pt spiele bei der Essigsäuregewinnung dieselbe Rolle wie das Stickoxyd mit seinem chemisch gebundenen Sauerstoff bei der Schwefelsäurebildung nach DESORMES und CLÉMENT! Damit ist aber eine Art *„Zwischenreaktionstheorie" der Katalyse zum mindesten für bestimmte Fälle in einwandfreier Formulierung ausgesprochen.*

Dem Vorwiegen spezifisch chemischer Betrachtung katalytischer Vorgänge entspricht es auch, wenn DÖBEREINER, ähnlich wie THÉNARD, eine Wesensähnlichkeit, ja *Gleichheit der neuen Erscheinungen mit der Tätigkeit von Fermenten* bei der Gärung usw. annahm, wobei der Begriff des Fermentes allerdings noch ziemlich unbestimmt blieb. Schließlich hat ja DÖBEREINER sogar als erster den Plan gefaßt, ein „Ferment" gewissermaßen nachzubilden, also etwa ein „Metallpaar" zu suchen, das fähig wäre, die Funktion des Fermentes zu übernehmen. Freilich mußte derartigen verfrühten Versuchen (s. S. 19) der Erfolg versagt bleiben.

6. Ausklänge für die heterogene Katalyse; BELLANI, FUSINIERI, FARADAY.

An die Arbeiten von DÖBEREINER schließen sich zeitlich wie inhaltlich noch an die wesentlich der „Aufklärung" heterogener Katalysen dienenden Untersuchungen der Italiener ANGELO BELLANI (Mailand) und AMBROGIO FUSINIERI (Vicena) sowie weiter eine solche von MICHAEL FARADAY. BELLANIS Ausführungen (1824) stehen durchaus auf dem Boden der Physik, und zwar dem damaligen Stande des Wissens entsprechend, mit dem Begriff der *Ab- und Adsorption* (assorbimento) im Mittelpunkt. Je poröser ein Körper, je größer also seine Oberflächenentwicklung je Volumeinheit, desto mehr macht sich *Verdichtung* mit entsprechender *Temperatursteigerung* geltend; außerdem aber wird die „Elastizität" z. B. des Wasserstoffs am Platin geringer, so daß er gewissermaßen „fest" wird und in einen *besonders günstigen Zustand der Reaktionsfähigkeit* kommt, vergleichbar der Vereinigung von Gasen im Entstehungszustande („combinazione dei gas allo stato nascente").

Derartige Gedanken werden weitergeführt von FUSINIERI (1824—26), doch kommt als neues Moment hinzu eine Stützung auf *methodische Versuche über die Beziehung reaktionsfähiger Gase zu festen Metalloberflächen*; und diese Versuche sind so gründlich und geradezu „liebevoll", daß man hier von ersten „reaktionskinetischen" Arbeiten sprechen darf! Demgemäß soll auf FUSINIERI an einer späteren Stelle etwas genauer eingegangen werden (S. 65).

Die Arbeiten der genannten Forscher, insbesondere FUSINIERIS, haben sich zunächst in keiner Weise ausgewirkt; sie sind unbeachtet geblieben und bald verschollen, so daß andere in gleicher physikalischer Richtung arbeitende Gelehrte sie kaum zur Kenntnis nehmen konnten. Dies gilt besonders von FARADAY.

MICHAEL FARADAY (1791—1867), mit seiner staunenswerten Vielseitigkeit der Interessen und Leistungen, hatte als einer der ersten in England auf DÖBEREINERs Versuche aufmerksam gemacht; dazu war er als ehemaliger Gehilfe DAVYs mit dessen Platin-Arbeiten wohl vertraut. Schließlich hatte bei seinen berühmten Untersuchungen über Elektrolyse die Beobachtung, daß an Platinelektroden entw'ckeltes Knallgas sich bei längerem Stehen wieder zu Wasser vereinigen kann, noch einen besonderen Anstoß zu eigener experimenteller Forschung gegeben, deren Resultat er 1834 einer Veröffentlichung zugrunde legte über „das Vermögen der Metalle und anderer starrer Körper, Gase miteinander zu verbinden[18]". Die Hauptresultate lassen sich in folgenden Sätzen niederlegen:

1. Die Fähigkeit des Pt, Knallgas zu vereinigen, ist dem Metall als solchem und unabhängig von „Schwammigkeit, Porosität, Dichtigkeit oder Politur" jederzeit eigen; sie kann aber nur zur Auswirkung kommen, wenn eine „vollkommen saubere und metallische Oberfläche" vorhanden ist.

2. Grad und Schnelligkeit der Wirkung hängen von Struktur und Reinheit ab, derart, daß schon „feinste Häutchen" verunreinigender Stoffe auf der Pt-Oberfläche genügen, die Wirkung abzuschwächen oder aufzuheben. Zahlreiche Versuche hat FARADAY über den Einfluß verschiedener Gase wie NO, CO_2, C_2H_4, CO, H_2S, CS_2, H_3P und über die Möglichkeit einer Wiederherstellung verminderter Aktivität durch Ausglühen, Verwendung als Elektrode sowie Behandlung mit chemischen Mitteln (wie Säuren und Alkalien) ausgeführt; je nach der Natur des schädigenden Stoffes kann die Erneuerung der Wirkung leichter oder schwieriger geschehen; S und P sind die hartnäckigsten Verunreinigungen.

3. Die Vereinigung des Knallgases an Platin vollzieht sich vermöge einer diesem in besonders hohem Grade anhaftenden Eigenschaft der „*Attraktionskraft*" gegen Gase, die der „Elastizitätskraft" dieser entgegenwirkt und zu einem Zustand hoher „Zusammendrückung" führt. Schädliche Gase mit nur temporärer Wirkung können dadurch die Vereinigung von H_2 und O_2 hindern, daß sie die Pt-Oberfläche „vermöge einer stärkeren Anziehung als die des Wasserstoffs bekleiden oder auf andere Art modifizieren". Neben der Bildung einer festen *Haut* ist also auch schon

eine bloße *Verdrängung* der wirksamen Gase als Möglichkeit hingestellt; die Unterschiede einer reversiblen Beeinträchtigung und einer (zunächst) irreversiblen Schädigung ergeben sich damit von selbst.

In gleicher Weise wie DÖBEREINER, PFAFF, FARADAY u. a. betont BERZELIUS einige Jahre später, daß die besondere Natur des Platins für die starke Wirkung in bestimmten Fällen hafte: „auf dieser spezifischen Eigenschaft beruht das Phänomen".

7. Anfangsentwicklung der homogenen Katalyse.

Es muß auffallen, daß die in den vorigen Abschnitten geschilderte Entwicklung sich so gut wie ausschließlich auf die heterogene Katalyse, d. h. die Oberflächenkatalyse von Metallen gegenüber Gasen, Dämpfen und Flüssigkeiten bezieht, und daß sowohl das Aufsehen, das die neue Erscheinung erregt hat, wie auch die theoretischen Gedanken, die sich anschließen, durchweg an Vorgänge im *heterogenen* System geheftet sind, während das homogene System so gut wie unbeachtet bleibt.

Das hat, wie schon S. 15 berührt, darin seinen Grund, daß *die Unterschiede gegenüber gewöhnlichen chemischen Reaktionen bei der heterogenen Katalyse nach Art der Knallgaskatalyse besonders schroff zutage treten*, und daß derartigen Reaktionen viel mehr der Nimbus des Geheimnisvollen und Rätselhaften eigen ist als Vorgängen der homogenen Katalyse, wie z. B. der *NO-Wirkung beim Bleikammerprozeß*, von dem ja schon DESORMES und CLÉMENT 1806 (s. S. 6) wahrscheinlich gemacht hatten, daß er sich „einfach" aus einem oszillierenden Wechsel oder einer dauernden Aufeinanderfolge zweier bekannter Erscheinungen: der SO_2-Oxydation durch NO_2 und der Rückoxydation des entstandenen NO durch Sauerstoff zusammensetze[19]. Daß der Vorgang nicht ganz so einfach von statten geht, war bald empfunden worden. H. DAVY sah 1812 die Bleikammerkrystalle der Nitrosylschwefelsäure als Zwischenstufe an.

Vereinzelt war vor allem von DÖBEREINER und SCHWEIGGER diese „homogene" Katalyse (nach Untersuchungen unseres Jahrhunderts, von TRAUTZ, BERL u. a., spielen infolge Tröpfchenbildung auch heterogene Erscheinungen mit hinein) in Analogie zu ausgesprochenen Grenzflächenkatalysen gebracht worden. Bei SCHWEIGGER heißt es 1824: „Offenbar wird also die Anziehung der schwefligen Säure zu Oxygen durch diesen Kontakt bedeutend erhöht"; dieser „Kontakt" aber soll demjenigen des Platins gegenüber Gasen entsprechen und andererseits auch dem elektrischen „Kontakt" des Galvanismus wesensverwandt sein.

Im großen und ganzen aber, so von LIEBIG und WÖHLER, ist jene NO-Wirkung gar nicht als ein Vorgang anerkannt worden, der den in Frage stehenden heterogenen Reaktionen gleichartig wäre; und wenn sich weiter BERZELIUS, der alle erreichbaren analogen Fälle für seine Systematik gesammelt hat, über jene Reaktionen dauernd ausschweigt — schon W. OSTWALD ist das aufgefallen —, so darf angenommen werden, daß auch er jene Reaktion nicht als typische Katalyse angesehen hat; dafür schien eben ihr „Chemismus" allzu offen der Einsicht preisgegeben: sie war zu wenig rätselhaft und geheimnisvoll! —

Es ist nun jedoch keineswegs so, daß in jenen Zeiten nicht auch die homogene Katalyse weitere Fortschritte gemacht hätte. Nur hat sich ihre Entwicklung unabhängig und sozusagen seitwärts von der Heerstraße vollzogen, wozu natürlich auch der Umstand beitrug, daß ja zunächst immer noch der alle gleichartigen Reaktionen sammelnde scharfe Begriff — und nicht zu vergessen ein einprägsamer Name — fehlte.

Die in jenem Zeitraum von etwa 1810—35 untersuchten Fälle homogener Katalyse waren im wesentlichen die wohlbekannten alten Beispiele, voran die *Äthyläthergewinnung* durch Destillation von Alkohol mit Schwefelsäure. Die dauernde praktische Bedeutung jener Reaktionen hat es mit sich gebracht, daß darüber aus der Zeitspanne zwischen SCHEELE und MITSCHERLICH mit Leichtigkeit nicht weniger als 30 Arbeiten ausfindig gemacht werden konnten (GERTRUD WOKER: Katalyse I, 1910, S. 218).

Im Anschluß an FOURCROY und VAUQUELIN (S. 6) hatte noch GAY-LUSSAC den Vorgang der Ätherbildung als eine einfache Wasserentziehung und das Auftreten der damals schon bekannten Äthylschwefelsäure als Nebenreaktion angesehen. HENNELL kam 1828 zu dem Resultat, daß die *Äthylschwefelsäure (Weinschwefelsäure) ein notwendiges Zwischenprodukt* der Ätherbildung sei und daß „at the same time that one portion of sulphovinic acid is resolved in sulphuric acid and ether, another may be formed from alcool and sulphuric acid": *eine abwechselnde Bildung und Zersetzung von Äthylschwefelsäure ruft die kontinuierliche Bildung von Äther hervor*. Dieser Auffassung hat sich LIEBIG angeschlossen, wenn er 1834 sagt, daß die Bildung und das Verhalten der Äthylschwefelsäure einzig und allein die Ursache dafür sei, „daß die Schwefelsäure ihr Vermögen, Alkohol in Äther zu verwandeln, *bis ins Unendliche fortbehält*[20]".

Für diese Stellungnahme LIEBIGS und anderer Forscher ist sicher eine bedeutsame Untersuchung von EILHARD MITSCHERLICH, Berlin (1794—1863), mit entscheidend gewesen, die er 1833 bis 1834 beschrieben hat[21]. Mochte schon vorher die Möglichkeit, mit wenig Schwefelsäure viel Äther zu erzeugen, auf das *Fehlen stöchiometrischer Verhältnisse* hingewiesen haben: der volle Beweis für einen besonderen Charakter der Reaktion konnte erst durch genauere Versuche gewonnen werden, wie sie MITSCHERLICH gewissermaßen auf physikalisch-chemischer Grundlage geliefert hat. Für die Ablehnung einfacher „Verwandtschafts"-Betrachtungen sprach besonders die Beobachtung, daß selbst bei höheren Temperaturen, bei denen das aus der Alkoholzersetzung stammende Wasser samt dem Äther sofort abdestilliert, eine Schwefelsäure mittlerer Konzentration jene Wasserabspaltung dennoch beliebig fortsetzt. Hat die Schwefelsäure keinen „Vorteil" von dem Ergebnis, so wirkt sie als selbstlos-williger Vermittler, also rein „durch Kontakt".

MITSCHERLICH knüpft an seine Beobachtungen folgende Verallgemeinerung: „Der Vorgang ist nicht allein wichtig, weil dadurch der Äther gebildet wird, sondern hauptsächlich, weil er ein Beispiel von einer eigentümlichen chemischen Zusammensetzung darbietet ... Zersetzungen und Verbindungen, welche auf diese Weise hervorgebracht werden, kommen sehr häufig vor; wir wollen sie *Zersetzung und Verbindung durch Kontakt* nennen." Damit ist grundsätzlich die Einordnung der homogenen Katalyse in das Gesamtgebiet der Katalyse — wenn auch immer noch ohne jenen Namen — vollzogen.

8. Aufstellung des Katalysebegriffes durch BERZELIUS.

Bei der Neigung der Wissenschaft, einer neu entdeckten oder neu bestimmten Erscheinungsgruppe auch einen charakteristischen Namen zu geben, kann es verwunderlich scheinen, daß durch fast ein halbes Jahrhundert „katalytische" Fälle Beachtung und Bearbeitung gefunden haben, ohne daß ein bestimmter Wortbegriff fixiert wurde.

Die *Zusammenstellung gleichartiger und regelmäßig wiederkehrender Fälle*, die der Bildung eines „Sammelbegriffes" von der Art der Katalyse vorausgehen muß, war schon mehrfach vorgeschlagen und begonnen worden (THÉNARD, SCHWEIGGER, DÖBEREINER, MITSCHERLICH); das Gemeinsame aller solcher gesammelten Reaktionen war jedoch fast durchweg mehr „gefühlt" worden, als daß man versucht hätte, eine klare Begriffsbestimmung zu geben. Beispielsweise hatte ja mitunter schon diejenige Beobachtung Denkschwierigkeiten bereitet, daß es sowohl *Zersetzungs wie Bildungsfälle* unter den neuen Erscheinungen gab (s. S. 20). Andererseits wieder war bereits früh die Ahnung aufgetaucht, daß die *Gärungsvorgänge* sowie physiologische Prozesse, bei denen gleichfalls kleine Stoffmengen große und weitreichende Wirkungen haben, etwas ganz Analoges seien (THÉNARD, DÖBEREINER).

Es sind wohl DULONG und THÉNARD, 1824, die zuerst bei der *vereinigenden* Wirkung des Pt im Falle der Knallgaskatalyse und der *zersetzenden* des Fe im Falle der NH_3-Spaltung (sonderbarerweise wird der weitere Fall der H_2O_2-Zersetzung hier nicht angeführt!) die *gleiche* Ursache vermuten.

Von ersten Zusammenstellungen analoger Fälle erscheinen bedeutsam:

THÉNARD: Außer den eigenen Entdeckungen (s. 10 und 16) noch der Akt der Gärung, bei dem gleichfalls schon „einige Hundertteile Ferment" Zucker in Alkohol und CO_2 umwandeln; sowie Beziehung zu sekretorischen Vorgängen.

Ferner SCHWEIGGER: NH_3-Spaltung, HCN-Zersetzung, DAVYS Glühlampe, H_2O_2-Zersetzung, NO-Wirkung beim Schwefelsäureprozeß; dazu mitunter Betonung des „Kontaktes", der aber gewissermaßen „elektrisch" gedacht ist: als „Kontakt" zwischen metallischem Leiter und Nichtleiter.

Weiterhin DÖBEREINER: Knallgas, Essigsäure, H_2O_2-Zersetzung, NO-Wirkung beim Bleikammerprozeß. Auch bei DÖBEREINER tritt der Begriff „Kontakt" auf, in der Hervorhebung der Eigenschaft „durch bloße Berührung und ohne alle Mitwirkung äußerer Potenzen" zu wirken (s. S. 21).

Einen bedeutsamen Schritt vorwärts — den letzten vor BERZELIUS — tut E. MITSCHERLICH (s. S. 30), indem er 1833 zusammenfaßt: Ätherbildung, H_2O_2-Zersetzung, Vergärung des Zuckers, Alkoholoxydation zu Essigsäure, Harnstoffzerfall, Umwandlung von Stärke in Zucker beim Kochen mit Schwefelsäure, Verseifung von „Essigäther" (Essigester) mit Kalilösung, Äthylen aus Alkohol über 200°. Zugleich *tritt das Wort „Kontakt"*, das vorher nur vereinzelt und beiläufig benutzt worden war, *in den Mittelpunkt*, und zwar in rein geometrisch-kinetischem Sinne, in dem schon S. 30 erwähnten Satze, den er hinsichtlich derartiger Zersetzungen und Verbindungen prägt: *„Wir wollen sie Zersetzung und Verbindung durch Kontakt nennen."* Andererseits findet sich eine vollkommene Gleichsetzung mit dem alten Begriff „*Ferment*" in dem Satze: „Für sich allein erleiden diese Substanzen keine Veränderung, aber durch den Zusatz einer sehr geringen Menge *Ferment*, welches dabei die Kontaktsubstanz ist, und bei einer bestimmten Temperatur findet diese sogleich statt."

Ist hier alles schon beisammen, was zu einer ersten Begriffsbestimmung erforderlich ist, so fehlt nur noch ein prägnanter und eindeutiger Name, da gegen die Bezeichnung „Vorgang durch Kontakt" — wie BERZELIUS richtig bemerkte — einzuwenden ist, daß ja *jede* Verbindung und Trennung durch Wahlverwandtschaft „ebenfalls eine Berührung erfordert".

In dieser Hinsicht war der große Systematiker und gleichzeitig auch vielfach sprachschöpferisch tätige Forscher JAKOB BERZELIUS in Stockholm (1779—1848) der richtige Mann, die vorhandene Lücke auszufüllen, und tatsächlich hat der von ihm 1835 geschaffene Begriff der „Katalyse", von den anfänglichen Anfechtungen LIEBIGS und einiger anderer Forscher abgesehen, durch das ganze folgende Jahrhundert nie irgendwelche ernsthafte Ablehnung und Erschütterung erfahren[22].

Über BERZELIUS' *katalytisches Werk*, das oft und eingehend beschrieben wurde[23], können wir uns kurz fassen. BERZELIUS ist nicht ein katalytischer Experimentator wie DÖBEREINER, THÉNARD, MITSCHERLICH, auch nicht ein katalytischer Theoretiker wie späterhin MERCER oder PLAYFAIR; er beschränkt sich vielmehr durchaus auf eine *Namengebung und Begriffsbestimmung* sowie eine Einordnung der Erscheinung in das System der Chemie und — nicht zuletzt — eine Verteidigung gegen LIEBIGS Einwände. Als Tatsachengrundlage benutzt BERZELIUS ungefähr das gleiche Material wie MITSCHERLICH, durch dessen Arbeit er deutlich zu eigener Stellungnahme angeregt worden ist; auch die Gärung durch Hefe fehlt nicht. Stärker betont werden (als Folge seiner starken physiologischen Neigungen) die Fälle *physiologischer Katalyse* mit der Vermutung, daß „in den lebenden Tieren und Pflanzen Tausende von katalytischen Prozessen zwischen den Geweben und Flüssigkeiten vor sich gehen[24]"; andererseits bleibt auffälligerweise dauernd der wohlbekannte Bleikammerprozeß unerwähnt.

Wir führen nun die wichtigsten *Begriffsformulierungen* von BERZELIUS an: Es handelt sich um das Vermögen eines chemischen Körpers, „Verbindungen zu bewerkstelligen, woran er selber teils gar nicht und teils sehr unbedeutend teilnimmt" (1825, noch 10 Jahre vor Prägung des Wortes „Katalyse"). Weiter, in dem Aufsatz von 1835: Katalysatoren sind „Körper, die durch ihre bloße Gegenwart chemische Tätigkeiten hervorrufen, die ohne sie nicht stattfinden". Hinsichtlich der eigenen „Beteiligung" des katalysierenden Stoffes zeigt sich ein gewisses Schwanken: Es werden Verbindungen zerstört oder neue gebildet, „ohne daß der Körper, dessen Gegenwart dies veranlaßt, im mindesten Anteil daran nimmt" (1847); andererseits aber heißt es, daß die „vis occulta" auch von solchen Körpern ausgeübt werden könne, „die dabei selbst verändert oder zerstört werden". (Hier zeigt sich eine Berührung mit LIEBIG, indem der Fall der „Induktion" gewissermaßen mit eingeschlossen wird; s. weiter unten S. 70.)

Wenn es BERZELIUS in weiser Beschränkung (anders als LIEBIG) abgelehnt hat, in seine Definition irgendwelche hypothetischen oder fiktiven Momente aufzunehmen, die sich auf den „tieferen Grund" der Erscheinung beziehen, sondern durchaus bei *rein deskriptiver Kennzeichnung* stehengeblieben ist, so hat er — für einen Theoretiker von seinem Range schließlich selbstverständlich — daneben doch auch zum „*Wesen*" *der Katalyse* Stellung genommen.

Grundlegend ist für ihn die Überzeugung, daß „jede chemische Wirkung ihrem Grunde nach ein elektrisches Phänomen ist, das auf der elektrischen Polarität der Partikel beruht". Demgemäß kann auch die Katalyse nicht ganz außerhalb chemischer Wahlverwandtschaft mit ihren „elektrochemischen Beziehungen der Materie" stehen; man muß vielmehr vermuten, „daß sie eine eigene Art der Äußerung von jenen sei". Die katalytische Kraft scheint im Grunde darin zu bestehen, daß „Körper durch ihre bloße Gegenwart und nicht durch ihre Verwandtschaft die bei dieser Temperatur schlummernden Verwandtschaften zu erwecken vermögen, so daß zufolge derselben in einem zusammengesetzten Körper die Elemente sich in solchen anderen Verhältnissen ordnen, durch welche eine größere elektrochemische Neutralisierung hervorgebracht wird". Die Worte „und nicht durch ihre Verwandtschaft" sind, wie aus anderen Äußerungen von BERZELIUS hervorgeht, cum grano salis zu nehmen; auch wird man geneigt sein, die Worte „in einem zusammengesetzten Körper" durch den allgemeineren Ausdruck „in einem chemischen Systeme" zu ersetzen. Daß BERZELIUS nicht eine „absolute Indifferenz" des Katalysators im Auge gehabt hat und daß zu den Worten „durch bloße Gegenwart" ein „scheinbar" hinzuzudenken ist, zeigt in voller Deutlichkeit der Ausspruch, daß *„die katalytische Kraft im Grund auf erregten elektrischen Verhältnissen beruht, von deren innerem Verlauf wir uns gegenwärtig keine wahrscheinliche Vorstellung machen können"*.

Als Gegner unbestimmter Vermutungen hat es BERZELIUS trotz mancher Verlockungen abgelehnt, *speziellere* Vorstellungen über den Chemismus der Katalyse zu entwickeln; ja, er hat auch die für manche Fälle so naheliegende und plausible Vorstellung von vermittelnden *Zwischenreaktionen* für unzureichend gehalten, da sie ihm nicht für sämtliche bekannte Fälle zutreffend zu sein schien. Die „chemische Indifferenz" des chemisch edlen und doch katalytisch so aktiven Platins hat hier sicher wiederum eine bedeutsame Rolle gespielt, wie ja andererseits BERZELIUS es dauernd vermieden hat, den Fall des Bleikammerprozesses, der allzū deutlich einen Verlauf über Zwischenvorgänge anzuzeigen scheint, in seine Sammlung katalytischer Beispiele aufzunehmen. *Zum Wesen der Katalyse rechnet* BERZELIUS, *gleichwie fast alle Chemiker seiner und der folgenden Zeit, auch eine gewisse besondere Rätselhaftigkeit und „Undurchsichtigkeit"*, und diese scheint bei jenem Bleikammerprozeß nicht vorhanden bzw. sie ist durch die „Aufklärung" verlorengegangen[25].

Im Zusammenhang mit dem chemischen Denken jener Zeit steht es auch, wenn BERZELIUS, ähnlich wie andere Forscher seiner Zeit, das wesentliche Merkmal der Katalyse in einem *Verursachen, Erzeugen und „Hervorrufen"* sieht, also in einem Schaffen von etwas, das vorher noch nicht da war. Dennoch liegt in der Umschreibung: Erwecken „schlummernder" Verwandtschaften auch eine Andeutung, daß es sich keineswegs um eine „Schöpfung aus dem Nichts" handele. Hier ist gewissermaßen dasjenige im Keime vorhanden, was schon zu jenen Zeiten mitunter auch noch etwas schärfer ausgesprochen wurde, und was dann ein halbes Jahrhundert später von Wilhelm Ostwald als wirkliches und alleiniges Merkmal der Katalyse hingestellt worden ist: die „*Beschleunigung*", genauer die „Förderung" von etwas, das vorher bereits in gewissem, wenn auch vielleicht verschwindend geringem Grade auf der Bildfläche war.

Schon im Jahre 1819 war zum ersten Male der Ausdruck „beschleunigen" in bezug auf chemische Reaktionen gefallen; in einer Arbeit über die Stärkeverzuckerung bemerkt Th. de Saussure: „Le gluten, en s'unissant à l'amidon, ne paraît qu'accélérer une décomposition, que celui-ci aurait subie plus tard sans cette influence." Ähnlich läßt sich auch aus Äußerungen von Döbereiner (S. 6) die Vorstellung einer „Beschleunigung" herauslesen; und auch in der Folgezeit, so bei Playfair, Reiset und Millon, Liebig u. a., tritt uns der Begriff einer „„Beschleunigung" zuweilen entgegen, jedoch nie etwa in scharfem Gegensatz zum „Hervorrufen und Erwecken", sondern als eine Art Ergänzung hierzu. Im großen und ganzen beschränkt man sich auf das „Hervorrufen" und „Einleiten" und „Auslösen". So heißt es in der „Cameralchemie" von Franz Döbereiner (Sohn von J. W. Döbereiner, Prof. d. Chemie in Halle) 1851: „Manche Erscheinungen der Affinität zweier Körper werden durch die Gegenwart eines dritten Körpers eingeleitet, welcher aber selbst nicht Verbindungen eingeht oder eine Veränderung erleidet; man nennt Erscheinungen dieser Art Kontakterscheinungen."

Von „Kontakteinfluß", identisch mit „katalytischer Wirkung", redet auch Robert Mayer in seiner großen Arbeit über „Die organische Bewegung..." 1845 (Ostwalds Klassiker Nr 180), und zwar sieht er dergleichen Erscheinungen, offenbar im Anschluß an Berzelius, vor allem in dem „mächtigen Einfluß", den „die festen Teile des Organismus, die Gefäßwandungen und mittelbar die Gewebeteile, insbesondere die Nervenfasern, auf die chemische Metamorphose des Blutes" ausüben. Robert Mayer ist zugleich geneigt, den Begriff „Katalyse" noch zu erweitern: „Katalytisch heißt eine Kraft, sofern sie mit der gedachten Wirkung in keinerlei Größenbeziehung steht"; so kann z. B. ein Windstoß oder der

Flügelschlag eines Vogels" durch „katalytische Kraft" den Sturz einer Lawine auslösen. (Einige Jahre zuvor, in einem Briefe an BAUR vom 17. Juli 1842, hatte R. MAYER den Begriff „katalytische Kraft" noch als „töricht, verderblich" abgelehnt.) So wird bei R. MAYER der Begriff „Katalyse" unmittelbar identisch mit „Auslösung", „Anstoß", „Einleitung", „Veranlassung" eines Vorganges.

C. Weiterentwicklung der experimentellen und der theoretischen Katalyse bis HORSTMANN.

9. Ausbildung der chemischen Theorie der Katalyse.

Es kann auffallen, daß *Anfänge einer chemischen Theorie* der Katalyse schon hervortreten in einer Zeit, da noch kein einheitlicher Begriff, vor allem noch kein einheitlicher Name für das neue Erscheinungsgebiet vorhanden gewesen ist. Wir verstehen unter „chemischer" Erklärung und „chemischer" Theorie im allgemeinen eine solche, die *auf den wahlhaften und sprunghaft spezifischen Charakter stofflicher Umsetzungen Bezug nimmt und sich darauf gründet*, im Gegensatz zu rein physikalischen Deutungsversuchen, die in unspezifischer „Verdichtung", allgemeinen thermischen Erscheinungen und unbestimmten „elektrostatischen" Vorgängen das zugrunde liegende Moment sehen, dabei aber immer wieder an dem von Stoff zu Stoff (auch bei gleicher „Struktur") wechselnden Benehmen der Katalyse scheitern.

Es leuchtet ein, daß erste *chemische Deutungsversuche* sich jeweils auf einen Einzelfall beziehen, während zusammenfassende Verallgemeinerungen erst allmählich hinzukommen. Hier ist für die „homogene Katalyse" immer wieder der „klassische Schulfall" die Stickoxydwirkung bei der Schwefelsäureherstellung mit seiner ersten Deutung durch CLÉMENT und DESORMES 1806 (S. 6), für die heterogene aber — abgesehen von einer nur beiläufigen Bemerkung von AMPÈRE über die Betätigung von Eisen bei der NH_3-Zersetzung — DÖBEREINERS Hinweis auf eine „mechanische Verbindung" des Platins mit Sauerstoff, der so z. B. auf Alkohol übertragen werde, worauf das „entsauerstoffte" Platin sein Spiel von neuem beginne. Könnte angesichts der Betonung „*mechanischer*" Verbindung (als eines versuchten Ausweges bei einem so edlen Metall wie Platin!) das Bestehen eigentlich „chemischer"

Interpretation immerhin zweifelhaft sein, so beweist doch DÖBER-
EINERS Hinweis auf die Analogie mit dem Stickoxyd bei dem Bleikammerprozeß eine im Grunde wahrhaft *chemische* Einstellung
zum Katalyseproblem. (Noch heute wird ja bei heterogener Katalyse, anschließend an unspezifische „physikalische" Adsorption,
eine von Fall zu Fall wechselnde spezifische und „aktivierende"
Adsorption als Übergangsstufe zu „chemischer Verbindung" angenommen.)

Wie schon angedeutet, ist jedoch vorerst eine gewisse Scheu
vorhanden, Fällen, in denen ein Fremdstoff *sichtlich* durch Ein-
gehung von Zwischenverbindungen und Beteiligung an Zwischenreaktionen wirksam ist, andere Fälle gleichzustellen, in denen ein
solch „aktives Mitwirken" des Fremdstoffes *nicht nachgewiesen*
und vorerst auch nicht nachweisbar ist, ja sogar dem Forscher
dazu nicht einmal als „wahrscheinlich" vorkommt.

LIEBIG lehnt es noch 1837 (Brief an WÖHLER vom 2. Juni 1837)
temperamentvoll ab, den Bleikammerprozeß als katalytisch zu
bezeichnen — dafür liegt sein „Mechanismus" zu klar vor Augen;
und MITSCHERLICH sagt 1841: „Wird eine chemische Verbindung
dadurch bewirkt, daß eine Substanz sich mit einer anderen verbindet und diese dann an eine dritte überträgt, so findet dabei
etwas Ähnliches statt wie bei der Verbindung durch eine Kontaktsubstanz." Also *nur eine Ähnlichkeit*, keine volle Identität;
das Statthaben einer bloßen „Reaktion durch Berührung" und
ein Verlauf über Zwischenreaktionen erscheinen vorerst als verschiedene, ja miteinander unverträgliche Dinge[26].

Und doch war schon mehrfach ein „Arbeiten" des eingeführten
festen Kontaktstoffes, also ein *wirkliches Teilnehmen an der Reaktion*, beobachtet, genauer: aus der Oberflächenänderung des Körpers erschlossen worden. THÉNARD bereits hatte ein Brüchigwerden von Eisendraht bei NH_3-Zersetzung beobachtet, und Ähnliches hatte VAN MARUM (S. 7) am Cu, PLEISCHL am Pt (S. 17)
und WÖHLER an Pd festgestellt. Auch hatte AMPÈRE 1816 vermutet, daß die NH_3-Spaltung an Eisen auf abwechselnder Nitridbildung und -zersetzung beruhe (s. ferner FUSINIERI S. 26).

*Eine engere Beziehung von „katalytischer Reaktion" und „Ver-
lauf über chemische Zwischenreaktionen" auch für Katalysen* von
solcher Art, daß die Annahme von Zwischenstufen und inter-
mediären Verbindungen nicht ohne weiteres nahe liegt, hat zuerst

William Charles Henry (Sohn von William Henry) auf Grund neuer experimenteller Beobachtungen versucht, und zwar in dem gleichen Jahre, in welchem Berzelius seinen wichtigen Katalyse-Aufsatz schrieb.

W. Ch. Henry (1835) knüpfte an die Knallgasreaktion an[27], beschränkte sich indes nicht auf das bestwirksame Platin, sondern zog bei seinen Arbeiten auch Ag, Cu, Pb, Co, Ni, Fe heran, sämtlich in feinst verteilter Form, wie sie durch Reduktion der gefällten Oxyde mit Wasserstoff entsteht. In vergleichenden Versuchen ergab sich nun, daß die *verschiedenen Metalle eine deutliche Berührungswirkung für Knallgas jeweils erst von der Temperatur ab zeigen, bei welcher ihr Oxyd zu Metall reduziert werden kann*; Henry schloß hieraus, daß keines jener Metalle eine *direkte* Vereinigung des H_2 mit freiem O_2 herbeiführe, sondern daß die Wirkung indirekt sei, indem zunächst bei jedem Kontaktstoff „seine eigene kräftige Verwandtschaft zum Sauerstoff die schwächere des Wasserstoffs zu demselben Körper überwältigt und so eine Oxydation des Metalls statt einer Bildung von Wasser veranlaßt"; *dem nun vorhandenen Oxyd gegenüber* aber hat der Wasserstoff leichteres Spiel als mit dem freien Sauerstoff, und das bedeutet, „daß die Oxyde dieser Metalle mittels ihres Sauerstoffs die Verbrennung des Wasserstoffs bewirken und dabei *durch frischen Sauerstoff aus der Atmosphäre augenblicklich wieder erzeugt werden*". Zum Überfluß weist Henry noch auf die Übereinstimmung dieses Verlaufes über „abwechselnde Reduktionen und Reoxydationen" mit der Rolle der nitrosen Gase bei der Schwefelsäuregewinnung hin; und so haben wir hier wohl den ersten Versuch einer experimentellen Bestätigung des Gedankens, daß auch heterogene Katalyse über Zwischenreaktionen laufen kann, indem der katalysierende Stoff abwechselnd sich in das Geschehen einschaltet und daraus wieder ausgeschaltet wird. *Die Synthese von „Katalyse" und „Verlauf über Zwischenverbindungen" war hiermit deutlich und allgemein vollzogen.*

Drei Jahre später (1838) hat dann A. de la Rive, Genf (Freund Schönbeins) insbesondere für die Knallgaskatalyse mit Pt einen Verlauf über abwechselnde Oxydation und Reduktion wahrscheinlich zu machen vermocht, und zwar auf Grund der Tatsache, daß ursprünglich blanker Draht bei längerer Benutzung ebenso ein mattes Aussehen und schließlich eine Oberflächenschicht von lockerem grauem Pulver bekommt wie eine Platinelektrode bei längerer Benutzung für Elektrolyse mit Wechselstrom[28]. Bezeichnenderweise bleibt immer noch ein einschränkendes „Aber“ zurück, indem es als „selbstverständlich“ bemerkt wird, daß die Erklärung *nicht auf alle Fälle passe*, also nicht da, wo etwa Glas und Stein das Knallgas (bei höherer Temperatur) vereinigen; dort handle es sich wahrscheinlich um eine „gemeinsame Wirkung von Wärme und Elektrizität“!

Kurz darauf, 1840, hat KARL FRIEDRICH KUHLMANN in Lille (1803—81) Gründe dafür beigebracht, daß die Bildung von Äther aus Alkohol in Gegenwart von Chloriden und Fluoriden (von Sb, Sn, Zn, B, Si) über Anlagerungs- und Zwischenverbindungen verlaufe[29].

Über die weiteren Schicksale der *Zwischenreaktionstheorie der Katalyse* wird an späterer Stelle zu reden sein. Auf alle Fälle war bereits um 1840 erreicht, daß von allen Annahmen über den eigentlichen Verlauf katalytischer Reaktionen *eine* bestimmte Hypothese, die die Katalyse in den allgemeinen „Chemismus“ einzuordnen bestrebt und geeignet ist, ihre erste und dabei schon bemerkenswert klare Formulierung erhalten hatte.

Demgegenüber spielt nur eine untergeordnete Rolle eine *andere besondere Erklärungsweise*, die wohl gleichfalls im Grunde c h e m i s c h ist, jedoch bei weitem nicht die Bedeutung der Zwischenreaktionstheorie erlangen konnte. Es handelt sich um eine Vorstellung, die, auf eine hypothetische *Analogie mit mechanischem Mitschwingen durch Resonanz* sich gründend, von BERZELIUS' großem Gegenspieler auf katalytischem Gebiet, von JUSTUS LIEBIG (1803—73), entwickelt worden ist und die man als „*Mitschwingungshypothese*“ der Katalyse bezeichnet[30].

Sieht man genau zu, so handelt es sich um eine Art Fortsetzung und Weiterentwicklung älterer Gedankengänge, die bis G. E. STAHL 1697 zurückreichen. In seiner „Zymotechnica fundamentalis“ (deutsche Übersetzung 1734, S. 304) heißt es: „Ein Körper, der in Fäulnis begriffen ist, bringt in einem anderen, von der Fäulung noch befreiten, sehr leichtlich die Verderbung zuwege“; und das geschieht in der Weise, daß „ein bereits in innerer Bewegung begriffener Körper einen anderen, annoch ruhigen, jedoch zu einer sothanen Bewegung geneigten, sehr leicht in eine solche innere Bewegung hineinreißt“. Ferner haben LAPLACE und BERTHOLLET um 1800 den Grundsatz aufgestellt, daß „ein durch irgendeine Kraft in Bewegung gesetztes Atom seine eigene Bewegung einem anderen Atom mitteilen kann, welches sich in Berührung damit befindet" (nach LENSSEN und LÖWENTHAL 1862). Auch hatte TH. DE SAUSSURE 1838 die kühne Behauptung aufgestellt, gärungsfähige Körper könnten Knallgas zu Wasser vereinigen, aber nur dann, wenn sie selber in Gärung geraten seien!

Allgemein mußte einer primitiven Atomistik jener Zeit der Gedanke nahe liegen, daß für chemische „Anziehung oder Abstoßung" im Einzelfalle das Verhältnis der gegenseitigen mechanischen Schwingungen (Oszillationen) der Stoffteilchen bestimmend sei: ist hierin eine gewisse Übereinstimmung (Resonanz) vorhanden, so tritt Reaktion ein, andernfalls nicht.

Bezeichnenderweise ist es wieder der *Vorgang der Gärung*, der als Ausgangspunkt dient. Hier gelangt LIEBIG zu dem in dem späteren Streit mit PASTEUR immer schärfer fixierten Gedanken, daß ein jeder im Zustand der Zersetzung oder Verbindung befindliche Körper „die Fähigkeit besitzt, in einem anderen ihn berührenden Körper dieselbe Tätigkeit hervorzurufen, oder ihn fähig zu machen, dieselbe Veränderung zu erleiden, die er selbst erfährt". Als deutlichstes Beispiel einer solchen Übertragung innerer Bewegung führt LIEBIG die *Gärung des Zuckers in Gegenwart eines Fermentes an*, die der Entzündung eines brennbaren Stoffes durch Annäherung einer Flamme einigermaßen ähnlich sei. Ein Ferment sei nicht *als solches* Erreger der Gärung, sondern nur als Träger derjenigen Tätigkeit, die die Zersetzung des Zuckers usw. hervorrufe. Die Bewegung, in der sich die Atome des Fermentes befinden, teilt sich den Atomen der Elemente des Zuckers mit; Voraussetzung ist jedoch, daß sich die Elemente des die Bewegung aufnehmenden Körpers „selbst im Zustande eines aufgehobenen Gleichgewichtes befinden", daß also, nach neuerer Redeweise, das aufnehmende System selber instabil ist (s. auch S. 95).

Der Vorstellung eines solchen „Mitgehenheißens" vermöge der Katalyse entspricht es auch, wenn LIEBIG dergleichen Vorgänge in Parallele stellt zu der Erscheinung, daß mehr oder minder edle Metalle, die für sich von Säuren nicht angegriffen werden, der Auflösung verfallen, wenn man sie zuvor mit unedleren legiert; z. B. Pt mit Ag; Sn oder Ni mit Zn. (Ähnlich führt im gleichen Zusammenhang SCHÖNBEIN später das leichte Reagieren des H_2 mit Cl_2 an, sobald der Wasserstoff an S, Se, P, As usw. gekettet ist.)

Es ist beachtlich, daß LIEBIG *nicht etwa sämtliche von* BERZELIUS *als „katalytisch" bezeichnete Fälle in dieser Weise erklären will*; verwirft er doch überhaupt den von BERZELIUS aufgestellten Sammelbegriff als für die Forschung nachteilig. Dabei gerät er, der bei Gegnern so gern „willkürliche Begriffsbildung" tadelt, selber in eine ebenso willkürliche „Begriffsspaltung": H_2O_2-Zersetzungen z. B., die durch reduzierbare Oxyde wie Silberoxyd unter deren eigener Reduktion vor sich gehen, erscheinen *wesensverschieden* von Zersetzungen durch Metalle selbst wie Pt, die dabei keine eigene Veränderung erleiden, also wirklich Vorgänge „durch bloße Berührung" sind[31]!

In LIEBIGS „Übertragung durch Mitschwingung", die C. VON NÄGELI weitergeführt hat, mischen sich deutlich einseitig „mechanistische" Vorstellungen ein, die einer späteren Kritik nicht standhalten konnten; doch ist die *allgemeine Idee eines Mitschwingens* auch weiterhin lebendig geblieben, indem eine Art „Resonanz" (jedoch eine durchaus spezifische und wahlhafte Resonanz!) als Bedingung erscheint für jede chemische Wechselwirkung zwischen zwei Atomen oder zwischen zwei oder mehr aus Atomen „zusammengesetzten" Gebilden, insbesondere Molekeln und Ionen.

10. Erweiterung des katalytischen Wissens ab 1835.

Schon in den letzten Erörterungen sind uns mehrere neue katalytische Fälle begegnet, die über das BERZRLIUS im Jahre 1835 zur Verfügung stehende Material hinausgehen. In der Folgezeit sind nun, großenteils unabhängig von theoretischen Erwägungen und Untersuchungen, immer mehr Beispiele gefunden worden — oft als Nebenertrag andersgerichteten chemischen Forschens —, über die hier unmöglich in Ausführlichkeit berichtet werden kann. Wir beschränken uns darauf, eine Anzahl wichtig erscheinender Einzelfälle kurz aufzuzählen, mit einer gewissen Gruppierung nach der Art der einzelnen Reaktion. (Mitunter, so bei Polymerisierungs- und Kondensierungsvorgängen, ist die Abgrenzung zwischen katalytischen und nichtkatalytischen Reaktionen nicht leicht zu geben.)

a) Homogene Katalyse in anorganischen Systemen.

Es ist bemerkenswert, daß die *homogene Katalyse in wäßriger Lösung*, der später, vor allem in der Form von Säuren- und Basen-, allgemein Ionenkatalyse, eine so bedeutsame Rolle zuerteilt worden ist, in den ersten Jahrzehnten katalytischer Forschung stark zurücktritt, wie sie denn auch zur Ausbildung einer Theorie der Erscheinung zunächst nichts Nennenswertes beigetragen hat. Freilich hat der beschleunigende oder verzögernde *Einfluß von Säuren oder Basen auf bestimmte chemische Vorgänge* schon früh die Aufmerksamkeit erregt: Stärkeverzuckerung, Veresterung und Esterverseifung, H_2O_2-Zersetzung, Rohrzuckerinversion (PERSOZ 1833, WILHELMY 1850; s. S. 71).

Das Gleichartige und Gesetzmäßige in den Beeinflussungen der Reaktionsgeschwindigkeit durch Säuren und Basen zu finden, ist erst auf Grund der *elektrolytischen Dissoziationstheorie* von ARRHENIUS möglich geworden.

b) Heterogene Katalyse in anorganischen Systemen.

Hier liegt die Zunahme der Kenntnisse offener zutage. Auf dem Gebiet der *Gaskatalysen* sind vor allem zu nennen die zahlreichen Beobachtungen und Angaben, die sich auf *Reaktionen des freien und des gebundenen Stickstoffs* beziehen.

Eine *Ammoniakbildung aus den Elementen*, nicht nur mit Hilfe nascierenden Wasserstoffs, sondern auch mit „molekularem" Wasserstoff und Stickstoff in Gegenwart von Kontaktsubstanzen, ist vielfach behauptet worden, doch sind sämtliche diesbezügliche Angaben Irrtümer und Selbsttäuschungen gewesen, so daß wir auf Einzelnes nicht eingehen wollen.

Zur Erklärung der immer wiederkehrenden Selbsttäuschung, der auch Forscher von kritischer Besonnenheit wie DÖBEREINER vorübergehend unterlegen sind, sei nur kurz auf die „Allgegenwart des Ammoniaks" in der Natur samt seiner leichten Nachweisbarkeit hingewiesen, die immer wieder Anlaß gab, das „entstanden" zu sehen, was in Wirklichkeit schon „bestanden" bzw. sich unversehens eingeschmuggelt hatte; und hierzu kommt noch die naheliegende Analogie mit der katalytischen Reaktion $H_2 + O_2 \rightarrow H_2O$, der gegenüber es auf einer primitiveren Stufe chemischen Denkens nicht recht einleuchten wollte, warum nicht ganz entsprechend auch eine Reaktion $H_2 + N_2 \rightarrow NH_3$ oder auch $O_2 + N_2 \rightarrow NO$ leicht realisierbar sein sollte [32]!

Einwandfreie Versuche gibt es dagegen — erklärlicherweise — über die katalytische Zersetzung von NH_3, wie sie seit THÉNARD mehrfach wiederholt wurden (S. 10). Quantitativ messend verfolgt worden ist jedoch die NH_3-Zersetzung (zwischen 500 und 830°) erst von RAMSAY und YOUNG 1884, mit der zweifelsfreien Konstatierung, daß diese Spaltung nie ganz vollständig ist, so daß auch eine gewisse *Bildung* aus den Elementen erreichbar sein sollte[33].

Einen breiten Raum nehmen Versuche ein über die *gegenseitige Umwandlung von Stickoxyden und Ammoniak*, wobei die Katalyse als vorzüglichstes Hilfsmittel dient. Hier stehen an erster Stelle die systematischen Versuche von KUHLMANN 1838ff. (s. auch S. 39) über die *NH_3-Oxydation*, die er im Rahmen weit ausgedehnter Versuche über die Bedeutung des Stickstoffs für die Vegetation ausführte[34]. Versuche, N_2 und O_2 unter dem Einfluß „poröser Körper von der kräftigsten Wirkung" zu verbinden, waren ebenso mißlungen wie hinsichtlich NH_3 Versuche mit N_2 und H_2 in Gegenwart von Platin, oder mit Wasserdampf und Luft in Gegenwart von Eisen. Dagegen war KUHLMANN erfolgreich, als er Ammoniak und Luft über Platinschwamm von 300° leitete: das Pt geriet in Glut, und es wurden reichliche Mengen nitrose Gase gebildet[35]. Dabei ist es KUHLMANN aufgefallen, daß Platinschwamm wirksamer war als das doch viel feiner verteilte Platinschwarz, das leicht zur vollkommenen Zerstörung des NH_3 (unter Bildung von $N_2 + H_2O$) führte.

Ähnlich wurde auch bei der *Oxydation von Cyangas* Stickoxyd (neben CO_2) beobachtet. Andererseits gelang KUHLMANN eine *Reduktion* von O-Verbindungen des Stickstoffs zu NH_3, wenn er sie mit Wasserstoff an erhitzten Platinschwamm brachte. Stickoxyd mit Äthylen lieferte am gleichen Kontakt Ammoniumcyanid usw.

Späterhin sind mehrfach auch *andere Katalysatoren* für die NH_3-Oxydation versucht worden, insbesondere auch solche oxydischer Art. Vorausgegangen waren Versuche über *rein chemische Oxydation von NH_3 durch oxydische Massen* (MILNER 1788 mit Braunstein und Eisensulfat; VAN MONS 1798 ähnlich, auch KUHLMANN mit Superoxyden, z. B. des Mn); dabei kann die gebrauchte Masse durch Überleitung von Luft regeneriert und so, wenn auch mit unzureichenden Ausbeuten, dauernd weiter benutzt werden. TESSIÉ DU MOTAY (1871) zieht es nun vor, NH_3 und Luft *gleichzeitig* über erhitzte Manganate, z. B. des Natriums, oder Chromate oder Plumbite zu leiten (Engl. P. 491/1871). „Auf dem Papier nimmt sich vorstehende Methode ganz prächtig aus", bemerkt der Referent in Wagners Jber. 17, 260 von 1871); doch will Schwarz in Graz beim Nacharbeiten tatsächlich bis zu 60% der möglichen Ausbeute erhalten haben.

Für die Folgezeit außerordentlich wichtig wurde die *Entdeckung des Palladium-Wasserstoffs* durch Philipp Graham 1860. In wäßriger Lösung wurden hiermit reduziert Eisenoxydsalze, Ferrocyankali, Chlor, Jod usw. Über die Verwertung dieser Wirkung für organische Katalysen wird später noch zu sprechen sein.

Von *weiteren Gaskatalysen* sind kurz anzuführen:

1852 Corenwinder: Katalytische Verbindung von H_2 mit Metalloiden: J, Br (Pt-Schwamm 200—400°), S, Se (Bimsstein).

Die Zersetzung von JH mit und ohne Pt untersuchten Hautefeuille 1867 und Lemoine 1877.

Boussingault beobachtete 1833, daß ein Pt-Fe-Präparat, durch gemeinsames Fällen von Pt und Fe und Reduzieren bei beginnender Rotglut erhalten, an der Luft leicht erglüht, ebenso wie Wöhlers Pt-C- und Pd-C-Präparate. Analog hatte Gustav Magnus schon 1825 Versuche mit pyrophoren Metallpulvern wie Co, Ni, Fe ausgeführt[36].

Marbach stellte 1848 fest, daß das Verglimmen von verkohltem Papier gefördert wird durch Berührung mit Au- und Ag-Blättchen, sowie durch Tränken mit bestimmten Salzen von K, Cu, Pb usw.; andere Salze oder Oxyde wirkten hemmend.

Stammer fand 1851, daß CO bei höherer Temperatur an Fe in $CO_2 + C$ zerfällt. (Von Boudouard um die Jahrhundertwende, und zwar schon mit neuen Methoden, d. h. quantitativ weiterverfolgt.) Nach Lautemann (1860) kommt die Reaktion von CO mit Cu erst dann zustande, wenn es Fe oder Zn als Verunreinigung enthält.

Auch die *katalytische Oxydation von Gasen* wurde mannigfach versucht. Die Oxydation von H_2S mit Luft mittels Bauxit oder Eisenoxyd als Katalysator wurde von Chance 1885 auf die Nutzbarmachung des Schwefels in den Rückständen der Le Blanc-Soda angewandt (Chance-Claus-Verfahren und analoge Weiterbildungen auf dem Gebiete der Entfernung von H_2S aus Gasen wie Leuchtgas und andere Kohlegase).

Als weitere katalytische Gasreaktionen, die schon in frühen Jahrzehnten *technische Beachtung und Verfolgung* gefunden haben, seien hervorgehoben die Oxydation von SO_2 mit Luft in Gegenwart von Pt und die Oxydation von HCl in Gegenwart von Cu.

Im Jahre 1831 beschrieb P. PHILLIPS in einem engl. Patent (Nr. 6096/1831) ein Verfahren, *Schwefelsäure* auf neuem° Wege herzustellen, und zwar durch Überleitung eines SO_2-Luft-Gemisches über erhitztes Platin in irgendwelcher feinverteilter Form. MAGNUS hat 1832 die Angaben von PHILLIPS bestätigt gefunden, und im gleichen Jahre hat auch DÖBEREINER, wie es scheint selbständig, die gleiche Reaktion bearbeitet.

PETRIE führt 1852 zum ersten Male neben Platinschwamm und -Drahtnetz auch Platinasbest für die SO_2-Oxydation ein, PIRIA 1855 auch platinierten Bimsstein. Andere Kontaktmassen werden vorgeschlagen oder verwendet von LAMING 1848 (ausgekochter Bimsstein und andere poröse Körper mit Mangansuperoxyd gemischt), BLONDEAU 1849 (toniger Sand und Eisenoxyd), ROBB 1853 (Kiesabbrand). Eine *eingehende Untersuchung* lieferten FR. WÖHLER und MAHLA 1852[37]. Neben Pt, als Schwamm oder Blech, ergab sich als besonders wirksam ein Gemisch von Chromoxyd und Kupferoxyd. TRUEMAN schlägt 1854 neben Pt Oxyde von Fe, Cu, Cr, Mn vor, in groben Stücken oder auf porösen Körpern wie Bimsstein und gebrannter Ton. SCHMERSAHL und BOUCK nennen 1855 auch Koks, Tierkohle oder Holzkohle mit großer Oberfläche. DEACON (1871) benutzt Cu-Salze.

In technischer Beziehung bilden den Abschluß dieser Versuche die Arbeiten von CLEMENS WINKLER in Freiberg, die zugleich zu der überragenden Leistung von RUDOLF KNIETSCH überleiten (s. Kap. 14).

Ganz analog in chemischer Beziehung hat sich die Geschichte der *Chlorgewinnung durch katalytische Oxydation von HCl* entwickelt.

Die ersten derartigen Versuche hat wohl W. HENRY 1826 ausgeführt, indem er durch Überleiten von HCl und Luft über heißen Pt-Schwamm Chlor erhielt. 1834 erklärte DÖBEREINER die schädliche Wirkung von HCl bei der Knallgaskatalyse mit der Bildung von Chlor. OXLAND 1845 und ähnlich WIGG 1873 wollen trocknen Chlorwasserstoff mit Luft bei Rotglut durch einen Ofen mit porösen Bimssteinstücken schicken; JULLION 1846 und WELDON 1871 behalten Pt als solches oder auf Trägern bei.

Kupfersalze als Katalysator werden zum ersten Male von A. VOGEL 1855 genannt, indem er auf die Eigenschaft des $CuCl_2$

hinweist, beim Erhitzen Chlor abzugeben, sowie auf die Leichtigkeit, mit der es dann durch Luft zusammen mit HCl regeneriert werden kann. An Stelle solcher abwechselnden Behandlung, die auch von LAURENS 1861 und MALLET 1866 vertreten wurde, setzt nun DEACON 1867 eine *kontinuierliche Arbeitsweise* katalytischer Art[38]. Als Katalysator diente zunächst CuO, mit einem Zusatz von MnO_2, der das entstehende $CuCl_2$ am Niederschmelzen hindern sollte. Später wird $CuSO_4$ benutzt, mit Ziegelsteinbrocken als Träger, die mit der Salzlösung getränkt wurden. Auch andere Cu-Verbindungen erwiesen sich als brauchbar. Vor allem wurden bestimmte *Zusätze zum Kupfer* als „accelerating substances‟ gefunden, so Na- und K-Sulfat, Steinsalz, Mg-Salze, Ba-Verbindungen usw. Auch Cu-haltige Pyritabbrände erschienen brauchbar.

Wissenschaftlich sind DEACONS Versuche bedeutsam durch vorausgehende theoretische Erwägungen über den *Chemismus der Katalyse*, die ihm eine *Affinitätsäußerung über Zwischenreaktionen* ist (s. S. 57). So folgt die Bevorzugung des Cu bei seinen Versuchen aus der gedanklichen Kombination, daß einerseits nach VOGEL $CuCl_2$ beim Erhitzen Chlor abgibt, andererseits metallisches Cu auch Verwandtschaft zum Sauerstoff besitzt.

Statt Cu will AUBERTIN 1871 Chromverbindungen verwenden, die auch für andere katalytische Oxydationen brauchbar seien, z. B. HNO_3 aus NH_3 und SO_3 aus SO_2; TOWNSEND 1874 nennt Kontakte aus Braunstein mit MgO, unter Zusatz von Ton in stückige Form gebracht. Die katalytische Zersetzung von Calciumhypochlorit durch Cu-Salze hat MERCER 1841 beschrieben.

Auf die theoretischen Ausführungen, die sich mitunter an die Auffindung und Bearbeitung neuer Gaskatalysen geknüpft haben (so bei KUHLMANN, WÖHLER, DEACON), soll an späterer Stelle eingegangen werden, desgleichen auf die technische Verwendung der katalytischen Befunde. Äußerlich betrachtet ergibt sich das Bild einer *ständigen Erweiterung der Mannigfaltigkeit*: immer neue Reaktionen, neue Katalysatoren und neue Formen ihrer Anwendung.

Es kann auffallen, daß gerade bei Gaskatalysen in der Aufzählung der zu verwendenden Katalysatoren oftmals in einer Reihe mit deutlich und spezifisch wirkenden Stoffen, wie Metallen und Oxyden, unsicher wirkende, wie Bimsstein, Ton, Asbest, genannt werden, deren Vorzug in der Regel nur darin besteht, eine ausgedehnte Oberfläche zu besitzen. So zieht sich auch die in den Anfängen oft ausgesprochene und ebenso oft widerlegte Vermutung, daß *Katalyse im wesentlichen auf Verdichtung der Gase an porösen Stoffen mit reicher innerer Oberflächenentwicklung beruhe*, zählebig bis in späte Jahrzehnte hinein. Noch VAN 'T HOFF hat (1898) vermutet, daß die Kontaktwirkung poröser Körper auf „Kondensation" zurückzuführen und „der Wirkung eines lokal sehr hohen Druckes vergleichbar" sei. Rein „physikalische" Ausdeutung von Grenzflächenkatalysen wurde auch immer wieder durch die Beobachtung nahegelegt, daß es neben Stoffen von engbegrenzter Wirkung wie Blei, Calcium, Magnesium, Titan auch *vielvermögende Substanzen mit mannigfachen Fähigkeiten* gibt, wie Platin, Eisen und Kohle. Daß indes strukturell-physikalische Momente wie der Zustand feiner Verteilung immer nur vorhandene spezifisch-chemische Fähigkeiten zu entwickeln und verstärken vermögen, das ist schon Forschern wie DÖBEREINER und FARADAY aufgegangen (s. auch die drastische Äußerung von ASHBY S. 50).

Sonstige anorganische Katalysen. Einen recht weiten Raum nehmen Versuche über die *Zersetzung fester Substanzen, anorganischer wie organischer, in Gegenwart von Fremdstoffen* ein. Im Jahre 1855 beschäftigte sich SCHÖNBEIN mit der Zersetzung von Kaliumchlorat in Gegenwart bestimmter Stoffe, wie Eisenoxyd, Braunstein, Graphit. Noch ein Tausendstel Eisenoxyd, bezogen auf das Gesamtgewicht, ruft starke Gasentwicklung hervor; bei einem innigen Gemisch von 1 Tl. Eisenoxyd auf 30 Tl. Chlorat genügt die Erhitzung einer mäßig großen Stelle, um eine Zersetzung des Ganzen in fast explosionsartigem Fortschreiten zu erzielen („Initialzündung"). Eisenoxyd wirkt um so stärker und rascher, je feiner verteilt es ist; Graphit gibt eine ruhigere Zersetzung als Kohlepulver.

THÉNARD untersuchte im gleichen Jahre den thermischen Zerfall von Metalloxyden und Superoxyden, Chloraten und Perchloraten, Bromaten, Jodaten, für sich und im Gemisch mit verschiedenen Metallen, Salzen usw. Auch WIEDERHOLD nahm 1862 DÖBEREINERS Versuche über die Zersetzung von Kaliumchlorat mit Braunstein usw. (s. S. 12) wieder auf und wies, ähnlich wie DÖBEREINER, zur Erklärung auf das gute Wärmeabsorptionsvermögen der zugesetzten Stoffe hin. Demgegenüber hatte MITSCHERLICH schon 1841 eine „sterisch atomistische" Erklärung versucht: „Die Atome Sauerstoff können das Chlor und das Kalium so voneinander trennen, daß die Verbindung desselben erst stattfinden kann, wenn durch eine Kontaktsubstanz die Lage derselben verändert wird."

Eine bedeutungsvolle Arbeit von REISET und MILLON über die katalytische Zersetzung und die Oxydation verschiedener Stoffe ist an anderer Stelle zu würdigen, da sie sich vorwiegend auf organische Stoffe bezieht.

Eine Anzahl neuer Beobachtungen über *katalytische Oxydation und katalytische Zersetzung in wäßriger Lösung oder Suspension* rührt von SCHÖNBEIN her; z. B. Oxydation von wäßrigem NH_3 durch Permanganat oder Oxydation von Jodkali mit verdünnter Chromsäure in Gegenwart von Pt-Mohr; Zersetzung von HNO_3, H_2SO_3 und deren Salzen in Gegenwart von Pt-Mohr, Umsetzung von starkem Chlorwasser zu O_2 und HCl und Zersetzung von Hypochloritlösungen mittels Pt, Ru, Rh und Ir. KUHLMANN beobachtete 1861, daß CaS-haltige Rückstände der Sodafabrikation sich in Gegenwart von Eisenverbindungen an der Luft zu fester Gipsmasse oxydieren.

MARGUERITTE und SOURDEVAL haben gefunden (Engl. Patent 1027/1860), daß bei der Cyanidbildung aus Bariumcarbonat, Kohle und Stickstoff Eisenfeile die Stickstoffbindung erleichtert; V. ALDER 1880 hat für Alkalicyanid die gleiche Beobachtung mit Fe, Zn, Cu gemacht.

Daß Fremdstoffe bestimmte chemische Reaktionen auch hemmen und unterdrücken können, ist schon in frühen Zeiten beobachtet worden; hinsichtlich der P-Oxydation s. S. 8, hinsichtlich der Zündkraft des Pt s. S. 18.

c) Organisch-chemische Katalysen.

Mit fortschreitender Entwicklung wird der Anteil organisch-chemischer Katalysen an der Gesamtzahl der Fälle immer größer, eine Erscheinung, die sich bis in unsere Tage fortsetzt. Unter organisch-chemischen Katalysen verstehen wir solche, die sich auf *Kohlenstoffverbindungen als Substrat* beziehen; der Katalysator aber bleibt zunächst in der Regel anorganischer Art, und erst zögernd und allmählich kommen auch organische Verbindungen als Katalysatoren auf.

Spaltungen und Zersetzungen. Wir stellen an den Anfang eine wichtige Arbeit von REISET und MILLON 1843 über *die Zersetzung*

und die Oxydation zahlreicher fester oder geschmolzener Stoffe wie
Weinsäure, Citronensäure, Oxalsäure, Zucker, Stearinsäure, Wachs,
Butter sowie Nitrate von Silber, Ammonium und Harnstoff, für
sich oder in Gegenwart von Fremdstoffen: Platinschwamm, Bimsstein und Kohle[39]. Es zeigte sich, daß durch die Kontaktsubstanzen die Zersetzungstemperatur vielfach herabgesetzt wird, daß
aber außerdem die *Zersetzungsprodukte in Gegenwart der Fremd-
substanz mitunter andere sind, als wenn die Substanz für sich allein
zerfällt.* Oft, z. B. beim Harnstoffnitrat, beginnt die Zersetzung
in Anwesenheit eines Fremdstoffes („force du contact") qualitativ
unverändert: „influence accélératrice", geht dann aber bei Erhöhung der Temperatur in eine neue Zersetzungsform über: „influence spéciale".

Hier ist, wie es scheint, das wichtige Prinzip möglicher *Reaktionslenkung durch den Katalysator* — neben der Beschleunigung —
zum ersten Male bewußt ausgesprochen und experimentell er-
härtet, nachdem schon BERZELIUS auf eine solche Möglichkeit
hingewiesen hatte. Die Erscheinung selber allerdings konnte ob-
jektiv nicht mehr als neu gelten, seitdem die Möglichkeit einer
doppelten Zersetzung von Alkohol in der Hitze bekanntgeworden
war (zu Äthylen: PRIESTLEY 1783; zu Acetaldehyd: VAN MARUM
1796; s. S. 7).

Pyrogene katalytische Zersetzungen organischer Stoffe sind auch
weiterhin vielfach studiert worden. 1844 leiteten BARRESWIL und
BOUDAULT Benzoesäure und Bittermandelöl in Dampfform über
Bimsstein; unter CO_2- und CO-Abspaltung wurde Benzol gebildet,
bei sehr hoher Temperatur entstanden brenzliche Produkte und
Naphthalin. Ähnliches ist dann noch wiederholt beobachtet worden, bis zu den pyrogenetischen Kontaktreaktionen von ORLOW
1907 und weiterhin. SQUIBB erhielt 1895 Aceton durch Überleiten
von Essigsäuredämpfen über Bariumcarbonat.

Katalytische Oxydationen. Zu den von DÖBEREINER und an
ihn anschließend von anderen Forschern ausgeführten katalytischen Oxydationen treten zahlreiche neue Fälle. DUMAS und
PÉLIGOT oxydierten 1834 Holzgeist in Gegenwart von Platinschwarz unter Bildung von Ameisensäure oder CO_2. LIEBIG erhielt 1835 durch Behandlung von Acetaldehyd mit Luft in Gegenwart von Pt-Mohr Essigsäure. 1867 wurde von A. W. HOFMANN
der von ihm vermutete Formaldehyd („Methaldehyd") erhalten,

indem er einen mit Methylalkohol beladenen Luftstrom an einer glühenden Pt-Spirale vorbeileitete[40]. Hieran schließen sich 1882 TOLLENS, 1886 O. LOEW (mit Cu als Katalysator) u. a. m. REINSCH benutzte 1845 neben Metallen auch beständige *Oxyde als Katalysatoren für die Oxydation von Alkohol:* Cr_2O_3, Fe_2O_3, CdO. ASHBY oxydierte 1855 Methyl- und Äthylalkohol mit Oxyden von Co, U, Mn, Fe. Eisenoxyd im Zustand eines lockeren Pulvers ist „die wohlfeilste und beständigste Kontaktsubstanz"; ein poröser Zustand ist jedoch nicht unentbehrliche Bedingung, vielmehr gilt oft: „Ein alter verrosteter Nagel tut dieselben Dienste."

SCHÖNBEIN beschreibt 1858 u. a. die katalytische Oxydation von Indigo mit Jod-, Brom- oder Chlorsäure in Gegenwart von Platinmohr. COQUILLON oxydierte 1875 Toluol usw. mit Luft in Gegenwart von Pt-Draht und erhielt Benzaldehyd und Benzoesäure. WALTER behandelte 1895 verschiedene organische Verbindungen mit Luft in Anwesenheit von Metallen, im Hinblick auf technische Zwecke; ähnliche Versuche führte GLOCK 1898 aus, indem er Methan mit Luft über Cu leitete.

Schon früh haben sich Fälle *gewerblicher Verwendung katalytischer Oxydationen* ergeben. LIGHTFOOT erzeugte 1859 Anilinschwarz auf der Faser durch Oxydation von Anilinsalzen mit Kaliumchlorat in Gegenwart von Kupfer als Metall oder Salz[41]. Die Empfindlichkeit der Reaktion wird durch folgenden Versuch von LIGHTFOOT beleuchtet: Zwei saubere Geldstücke aus Au und Ag werden 15 Minuten auf ein mit der Reaktionsmasse behandeltes Gewebe gelegt, ohne irgendwelche Wirkung. Jetzt werden jene Münzen in einem Beutel mit Cu-Münzen zusammen leicht geschüttelt und von neuem aufgelegt: die Anilinschwarz-Bildung tritt sofort ein.

MERCER beobachtete 1830, daß die Luftoxydation von Catechufarbstoff durch Kupfernitrat sowie auch durch Mangansalze wie Acetat (oder noch besser ein Gemisch von Mn- und Ca-Acetat) erleichtert werden könne, wobei Cu bzw. Mn als O-Überträger wirke. 1842 berichtet er ferner über die Oxydation von Oxalsäure durch HNO_3 in Gegenwart von Mn-Salz. COUPIER erhielt 1869 Fuchsin aus Anilin bzw. Toluidin durch Oxydation mit Nitrobenzol, wobei die oxydierende Wirkung durch $FeCl_2$ unterstützt wurde.

Katalytische Hydrogenisationen und Reduktionen. Im Jahre 1863 reduzierte H. DEBUS HCN mittels Pt-Schwarz und H_2 bei

100° zu Methylamin. 1872 benutzte M. SAYTZEFF auf KOLBES Anregung GRAHAMS Palladium-Wasserstoff (s. S. 44) für Hydrierungen: aus Benzoylchlorid wurde bei 220° Benzaldehyd, aus Nitrobenzol bei 150° Hydrazobenzol erhalten; mit Platinmohr und H_2 ergab sich aus Nitrophenol Aminophenol, aus Nitromethan Methylamin. P. DE WILDE hydrierte 1866 und 1874 Acetylen und Äthylen mit Pt-Schwarz zu Äthylen und Äthan. Um 1897 beginnen die wichtigen Arbeiten von SABATIER und SENDERENS und MAILHE über die Hydrogenisation und Dehydrogenisation organischer Verbindungen sowie auch über Dehydratation usw.

Katalytische Hydratationen und Dehydratationen. Die *Wasserabspaltung* aus Alkohol unter Bildung von Äther oder Äthylen ist, wie wir gesehen haben (S. 7), einer der ältesten katalytischen Fälle. Eine Dehydratation an verschiedenen neuen Kontaktmassen hat KUHLMANN 1839 ausgeführt, indem er für die Herstellung von Äther aus Alkohol neben Schwefelsäure auch z. B. Antimonchlorid, Zinnchlorid, Zinkchlorid, Borfluorid und Siliciumfluorid versuchte (S. 39).

Katalytische Wasseranlagerung an organische Verbindungen hat erst ziemlich spät Bedeutung erlangt. LIEBIG hat so 1860 Dicyan in Gegenwart von Acetaldehyd in Oxamid übergeführt. Nach BUTLEROW (1867) bewirkt Schwefelsäure mittlerer Konzentration die Anlagerung von Wasser an Isobutylen unter Bildung von Trimethyl-Carbinol.

Über die katalytische *Hydratation von Acetylen,* die in unserem Jahrhundert so große Bedeutung erlangt hat, finden sich erste Angaben bei BERTHELOT 1855. Die Bildung von Acetaldehyd in Gegenwart von schwefelsaurer Hg-Salzlösung ist 1881 von KUTSCHEROFF entdeckt und später von ERDMANN, KÖTHNER (1898) und K. A. HOFFMANN genauer untersucht worden. In unserem Jahrhundert sind dann die wichtigen Ergebnisse mit Hg usw. als Katalysator hinzugekommen. Um 1910 (WUNDERLICH, GRÜNSTEIN, Griesheim-Elektron u. a. m.) ist auf dieser Grundlage ein wertvolles technisches Verfahren entwickelt worden, das mittels anschließender Oxydation mit geeigneten Katalysatoren (Mn-Salz) leicht zur *synthetischen Gewinnung von Essigsäure* führt.

Katalytische Halogenisierung und Enthalogenierung. Im Jahre 1860 beobachtete A. W. HOFMANN erstmalig, daß Antimonpentachlorid als Überträger freien Chlors auf organische Verbindungen dienen kann; 1862 fand Hugo Müller Ähnliches hinsichtlich Jod; Lothar Meyer (um 1875) nahm auch Chloride von Mo, Fe, Al und Tl in Verwendung.

Phosgen wurde 1868 von Schützenberger katalytisch hergestellt, desgleichen von Paterno 1874.

Im Jahre 1885 erhielt H. Müller das DRP. 33064 (übertragen auf B. A. S. F.) auf halogenierte Benzaldehyde für Indigofarbstoffe mit Fe-, Al-, Hg-Chlorid als Chlorüberträger.

Kondensationen und Polymerisationen. Ein Umstand, der auch sonst sich öfter geltend macht, ist hier besonders zu beachten: Es gibt Fälle, bei denen der „Hilfsstoff" im Endprodukt (genauer im Hauptprodukt) nicht auftritt, andererseits aber doch nicht unverändert aus der Reaktion hervorgeht, indem er durch Parallel- oder Folgereaktionen aufgebraucht wird. Dann kann der Chemismus sich nicht über stöchiometrische Verhältnisse hinwegsetzen, und es werden — wie in der Regel bei „Kondensationen" — *größere Mengen Hilfsstoff* gebraucht. Als *Katalysator* in strengstem Sinne ist in dergleichen Fällen jener Hilfsstoff nicht ohne weiteres anzusprechen, und so können derartige Reaktionen hier nur mit Vorbehalt angeführt werden[42].

Die erste Verwendung von $AlCl_3$, $ZnCl_2$, BF_3 für Kondensationen findet sich bei Gerhardt 1845. Zinke erreichte 1871 eine Synthese höherer KW-Stoffe (wie Benzoylbenzol) durch Kondensation mit Kupfer- und mit Zinkstaub. Im gleichen Jahre erhielt A. von Baeyer Phthaleine (wie Gallein) durch Erhitzen von Pyrogallol mit Phthalsäureanhydrid, wobei die Wasserabspaltung durch H_2SO_4, $ZnCl_2$, $SnCl_4$ u. dgl. unterstützt wurde. 1877 kam die berühmte „Wünschelruten"-Methode von Friedel und Crafts hinzu, die mit Hilfe von $AlCl_3$ aus aromatischen KW-Stoffen und Halogenalkylen (sowie weiterhin Säurechloriden, Säureanhydriden usw.) höhere Verbindungen erzielen läßt (auch Gustawson 1878). A. von Baeyer und E. ter Meer gewannen 1872 aus Phenol und Formaldehyd mit Hilfe von Säuren harzartige Produkte. Auf weiten Gebieten der Farbstoffindustrie haben Kondensationen usw. unter Verwendung von Katalysatoren sehr bald größte Bedeutung erlangt (s. auch Kap. 14). In der Patentliteratur treten Kondensationsreaktionen erstmalig auf im DRP. 26016 von 1883 (H. Caro und Kern).

Verschiedenes. Den ersten *organisch-chemischen Katalysator* hat wohl Liebig 1859 angewandt, indem er (s. S. 51) mit Hilfe von

Aldehyd Cyan in wäßriger Lösung in Oxamid überführte. „Der Aldehyd scheint ganz wie ein Ferment gewirkt zu haben." HLASI-WETZ und KACHLER berichten 1873 über eine Kontaktwirkung von Campher auf die Reaktion zwischen NH_3 und CS_2.

Ein *Einfluß des Mediums auf die Reaktionsgeschwindigkeit* chemischer Vorgänge, der bekanntermaßen in Katalyse wurzeln kann — oft läßt sich durch quantitative Steigerung ein Übergang von „Katalyse" zu „Mediumwirkung" erreichen —, ist erst in späteren Jahrzehnten an Beispielen der organischen Chemie beobachtet worden. BERTHELOT und PÉAN DE ST. GILLES haben 1862 bei ihren Arbeiten über die Veresterungsgeschwindigkeit von Alkohol mit Essigsäure (s. S. 72) auch den Einfluß von Lösungsmitteln auf diese Geschwindigkeit ermittelt[43]. MENSCHUTKIN zeigte 1890 eine entsprechende Veränderung der Reaktionsgeschwindigkeit der Anlagerung von Jodäthyl an Triäthylamin unter Bildung von Tetraäthylammoniumjodid; in Alkohol als Lösungsmittel verläuft sie 200mal, in Acetophenon 714mal, in Benzylalkohol 742mal so rasch als in Hexanlösung; in anderen Fällen werden Steigerungen bis über das 9000fache erzielt. Weitere Fälle fand CARRARA 1894: Die Vereinigung von Äthylsulfid und Jodäthyl, die in Alkoholen mit brauchbarer Geschwindigkeit stattfindet, wird in Aceton verzögert, in Benzol völlig aufgehoben.

DIXON fand 1884, wie früher ähnlich schon Mrs. FULHAM, DAVY, BERZELIUS u. a., daß Spuren *Wasserdampf* vielfach entscheidende Bedeutung für das Stattfinden bestimmter Gasreaktionen, z. B. Explosion von Gasgemischen, besitzen. LOTHAR MEYER beobachtete, daß für elektrische Zündung bei ganz trocknem Gas ein stärkerer Funke nötig sein könne als bei feuchtem. Ausgedehnte Versuche über „Wasserdampfkatalysen" stellte H. B. BAKER gegen Ende des Jahrhunderts an.

Auch der Einfluß des Lichtes auf den Verlauf bestimmter organischer Umsetzungen ist in jenen Zeiten beobachtet worden; z. B. von SCHRAMM, Ber. dtsch. chem. Ges. **18**, 350ff. (1885), hinsichtlich der Bromierung aromatischer Verbindungen. Definitionsmäßig können rein energetische Einwirkungen nicht als „katalytisch" bezeichnet werden; Katalyse ist immer *stoffliche* Anstoßkausalität, die indes in Fällen der Einwirkung von Licht oder Elektrizität *hilfsweise* hinzukommen kann: Sekundärreaktionen, Orientierung und Sensibilisierung. So hat schon 1844 SCHÖNBEIN beobachtet, daß bei der Elektrolyse eines H_2SO_4-Wasser-Alkohol-Gemisches mit einer Eisenanode der Sauerstoff daselbst frei entweicht, während an einer Pt-Anode der Alkohol oxydiert wird infolge „eines eigentümlichen, von diesem Metalle auf Sauerstoff und Weingeist ausgeübten Einflusses".

Überblickt man die Gesamtentwicklung der Katalyse in der präparativen Technik des 19. Jahrhunderts, so zeigt sich zunehmend ein *Vordringen in die Bereiche der aufblühenden organischen Chemie*; zugleich macht sich ein immer schärferes *Hervortreten technischer Interessen* geltend, die auf eine Anwendung der gefundenen Reaktionen für die Bedürfnisse des Lebens gerichtet sind (s. Kap. 14 über technische Katalyse)[44].

11. Fortbildung der chemischen Theorie der Katalyse.

Es konnte nicht ausbleiben, daß die lebhafte Förderung der anorganischen wie in zunehmendem Maße vor allem der organischen Chemie in der zweiten Hälfte des 19. Jahrhunderts auch die Theorie der Katalyse nicht ganz unberührt ließ, während andererseits Physik und physikalische Chemie das Ihrige dazu beitrugen, der eigentlichen Grundlage des katalytischen Chemismus immer näher zu kommen. Im wesentlichen waren es dabei folgende Fragen, die immer wieder die Gemüter beschäftigten:

I. Weshalb läßt sich nicht jede gewünschte Reaktion katalysieren (z. B. N_2—O_2)?

II. Warum sind in der Regel für eine bestimmte Reaktion nur wenige Katalysatoren tauglich?

III. Welches ist das Verhältnis katalytischer Reaktionen zu nichtkatalytischen chemischen Vorgängen?

Punkt I führt auf die „Affinität", II insbesondere auf die „Spezifität", III auf die „Reaktionskinetik".

Zu I. Gegenüber früheren Anschauungen über die Wunderkraft des Steins der Weisen usw. ist man sich schon in den Anfängen der katalytischen Forschung oftmals bewußt, daß auch der Katalysator nicht etwa „Unmögliches" möglich machen, sondern nur „Schlummerndes wecken" (BERZELIUS) und „Wartendes herbeiführen" oder „Zögerndes hervorrufen" kann. Bei BERZELIUS nimmt diese Vorstellung auch die strengere Form an, daß nur solche Vorgänge „bewirkt" werden können, die zu einer „größeren elektrochemischen Neutralisierung" der Elemente führen.

Ähnlich ist sich LIEBIG (s. S. 35) darüber klar, daß bei einer Kontaktreaktion *die tiefste Ursache des Vorganges,* z. B. eines Zerfalles, in der Natur des betroffenen Systems oder der Verbindung selbst liegen müsse. Immer sind nur Körper einer Beeinflussung zugänglich, bei denen „das Streben der Elemente, sich nach den Graden ihrer Verwandtschaft zu ordnen", noch nicht voll befriedigt ist. Dabei hat LIEBIG insbesondere die komplizierten *organischen Verbindungen* im Auge, die in Wirklichkeit nicht stabil seien, für die aber ein „Trägheitsgesetz" gelte, dem ein berührender Fremdstoff ebenso entgegenwirken kann wie z. B. eine Erhöhung der Temperatur. Die Wirkung des Fremdstoffes kann vor sich gehen, „ohne daß die Elemente des einen Stoffes Anteil nehmen an der Entstehung von Produkten, die durch die Zersetzung des anderen gebildet werden". (Der Übergang zur speziellen „Mitschwingungstheorie", s. S. 39, ist damit angebahnt.)

In der Richtung solcher Gedankengänge liegt es, wenn LIEBIG auf die *Aufhebung von Übersättigungserscheinungen* durch Keimwirkung hinweist, die ihm als eine nicht nur äußerliche Analogie zur chemischen Kontaktwirkung erscheint. Hier wie dort handelt es sich, um mit heutigen Worten zu reden, um eine Art „Auslösung" oder Ingangsetzung, eine Anlassung und „Anstoßung" energetisch (thermodynamisch) möglicher Reaktionen, nicht aber um eigentliche Wunderwirkungen.

In gleicher Weise haben später auch BUNSEN, HORSTMANN und W. OSTWALD die katalytische Vermittlung der Auslösung durch Keimwirkung an die Seite gestellt. Andererseits finden sich schon früh Vorstellungen, die von einer Art „ganzheitlichen" Zusammenwirkens sämtlicher Molekeln eines chemischen Systems bei irgendwelcher Reaktion ausgehen. Nach BUNSEN *kann von beliebigen Molekeln in der Nähe der eben reagierenden ein lockernder oder sonstwie begünstigender Einfluß* ausgeübt werden, und zwar können sowohl gleichartige wie ungleichartige Molekeln „mitziehen helfen": reiner „Chemismus" und ausgesprochener „Katalismus" — um mit neueren Worten zu reden — stehen mithin beide unter dem höheren Begriff der „Affinität". Ähnlich denken KEKULÉ, BERTHELOT, SCHÖNBEIN u. a. m.; bei letzterem heißt es mit Beziehung auf die Einleitung chemischer Reaktionen durch Wärme und Licht: „Warum sollte nicht auch *die Gegenwart gewichtiger Stoffe* in gewissen Elementen auf eine ähnliche Weise zu wirken imstande sein und die chemischen Anziehungskräfte derselben zu erhöhen vermögen?" So können Wasserstoff und Sauerstoff, sobald sie beide an S gebunden sind ($H_2S + SO_2$), mit Leichtigkeit aufeinander reagieren, und man darf weiter erwarten, „daß unter gegebenen Umständen auch *die Affinitätsverhältnisse aller Elemente durch die bloße Anwesenheit gewisser Materien verändert werden*".

Zu II. Handelt es sich bei I um die Erkenntnis, daß bei der Katalyse „*Affinitäten*" *des beeinflußten Systems* aus der Latenz zur Betätigung gelangen (entsprechend dem Übergang potentieller in kinetische Energie), so kommt hinzu die weitere Erkenntnis, daß der Katalysator selber in bestimmter Weise, vor allem durch „Zwischenreaktionen", mittätig und wesentlich beteiligt sein könne, ja müsse, daß also zu den Affinitäten des Substrates noch *spezifische Affinitäten des katalysierenden Stoffes* hinzukommen. Klar ausgesprochen worden ist dieser Gedanke von dem Chemiker und Industriellen JOHN MERCER (1791—1866) in einem Vortrage, den er 1842 in Manchester hielt. Darnach ist Katalyse *eine Betätigung chemischer Affinität unter besonderen Umständen*, und zwar derart, daß „*schwache Affinität*" *des Katalysators* (feeble chemical affinity) in Wirkung tritt[45].

An MERCERs Ideen schließt bewußt SIR LYON PLAYFAIR (1819 bis 1898) an mit einer umfangreichen Abhandlung „On Transformations produced by Catalytic Bodies" von 1848. Physikalische Momente wie Oberflächenausdehnung und Bewegung können Vorgänge wie die H_2O_2-Zersetzung erleichtern, der Vorgang selbst aber ist unabhängig von physikalischen Bedingungen und *folgt aus der Affinität, die ein Stoff auf die Atome eines anderen ausüben kann*. Es handelt sich um eine „*Zusatzaffinität*" (accessory affinity) von verhältnismäßig geringer Stärke; und der Katalysator wirkt, indem er seine eigene schwache Affinität zu derjenigen eines anderen Körpers hinzufügt (by adding its own affinity to that of another body). Auch für die Wirkung von Hemmungsstoffen (später „Gifte" genannt) hat PLAYFAIR eine chemische Erklärung: eine Hinderung oder Lähmung tritt ein, wenn ein Stoff infolge seiner eigenen Affinität zum Katalysator dessen Affinität sättigt und damit eine weitere Betätigung unmöglich macht: balancing of affinities. (Ähnlich schon SCHÖNBEIN 1843.) In der Richtung solcher Gedankengänge liegt es, wenn PLAYFAIR den katalytischen Vorgang wiederholt als „Beschleunigung" bezeichnet; „hasten" und „accelerate" ist das, was der Katalysatior tut und wirkt. Um die fördernde Wirkung katalysierender Fremdstoffe verständlicher zu machen, weist PLAYFAIR auf die (nichtkatalytische) Umsetzung von Tonerde mit Chlor und Kohle zu $AlCl_3$ hin, der gegenüber völlige Stabilität der Tonerde beobachtet wird, wenn nur einer jener beiden Stoffe mit zugegen ist.

In einer Reihe mit MERCER und PLAYFAIR ist noch HENRY DEACON (1822—76) zu nennen, der seinen theoretischen Standpunkt im Anschluß einerseits an die SO_3-Katalyse, andererseits an seinen neuen *Chlorprozeß* entwickelt hat. Von wesentlicher Bedeutung ist, daß er (1871) bereits zutreffende Vorstellungen über das *chemische Gleichgewicht* und dessen Veränderung mit der Temperatur besitzt. Bildung und Zerfall von SO_3 konkurrieren miteinander, ohne daß die Reaktion bei irgendeiner Temperatur wirklich vollständig wird. Eine Vergrößerung des Kontaktraumes hat keine Bedeutung mehr, sobald man einmal dem Gleichgewicht nahe gekommen ist; Steigerung der Temperatur erhöht ferner zwar die Geschwindigkeit, jedoch vor allem nach der Zerfallsseite. Man wählt darum eine möglichst niedrige Temperatur bei möglichst aktivem gutporösem Kontakt und mit genügender Berührungszeit; dabei muß noch ein Überschuß von Sauerstoff bzw. Luft günstig wirken. (Ein Einfluß der wenige Jahre zuvor erschienenen Arbeit von GULDBERG und WAAGE über das Massenwirkungsgesetz, 1867, ist hier unverkennbar!)

In seinen Veröffentlichungen über den „Deaconprozeß" wiederum (s. S. 82) betont DEACON, daß die Entstehung der Produkte auf eine *intermediäre Bildung von Zwischenverbindungen* zurückgeführt werden könne. Jedoch gilt eine solche Vorstellung DEACON mehr als „Bild" oder (in heutiger Ausdrucksweise) als „Fiktion". Er verweist hier auf die *Analogie des Parallelogrammes der Kräfte* auf mechanischem Gebiet. So wenig der wirkliche Weg, den die Resultante in jenem Parallelogramm anzeigt, etwa mit einem „Zickzackweg" der Einzelkomponenten identisch ist, so wenig mag der Weg der Katalyse *in Wirklichkeit* über die gedachten Zwischenverbindungen laufen, er tut dies vielmehr lediglich gewissermaßen der Idee nach! Diese seltsame Vorstellung, die an die Skeptik von BERZELIUS erinnert, mag ebenso wie bei jenem aus einer starken Bewertung des Umstandes resultieren, daß es bei normalem ungestörtem Verlauf einer ausgesprochen katalytischen Reaktion bisher noch nie gelungen sei, derartige Zwischenverbindungen experimentell einwandfrei zu fassen. — Auf Schönbeins chemische Auslegung katalytischer Reaktionen auf Grund einer allgemeinen Zwischenzustands-Theorie wird an anderer Stelle einzugehen sein.

Robert Bunsen (1811—99) hatte bei seinen gasometrischen Versuchen beobachtet, daß für die *Entzündungsfähigkeit von Gasgemischen* auch Fremdgase maßgebend sein können. So kommt er verallgemeinernd zu der schon S. 55 erwähnten Vorstellung, daß überhaupt bei chemischen Reaktionen nicht nur die reagierenden Molekeln selber bestimmend seien, sondern daß auch von den sonst noch in der Nähe befindlichen Molekeln ein „lockernder" Einfluß ausgehen könne. Dieser Einfluß erscheint gewissermaßen als „Verminderung des chemischen Widerstandes".

Ähnlich heißt es bei August Kekulé (1829—96): „Man kann sich denken, daß während der Annäherung der Moleküle schon der Zusammenhang der Atome in denselben gelockert wird, weil ein Teil der Verwandtschaftskraft durch die Atome des anderen Moleküls gebunden wird. Bei dieser Annahme gibt die Auffassung *eine gewisse Vorstellung von dem Vorgang bei Massenwirkung und Katalyse*" (1858)[46].

Marcelin Berthelot (1827—1907) stellt 1877 *Kontaktwirkungen den Gärungsvorgängen an die Seite* und sagt von den Katalysatoren, daß sie „gewissermaßen nicht für eigene Rechnung in den Kreis der Metamorphosen einzutreten scheinen". Es bilden sich „intermediäre Verbindungen, die ihrerseits in dem Maße, wie sie entstehen, sich wieder zersetzen und in der Endmetamorphose verschwinden".

Ganz deutlich betont A. W. Horstmann 1885, daß bei der Katalyse „*chemische Kräfte* im Spiele sind, welche den bestehenden Zustand zwar stören, aber neue beständige Verbindungen der sog. Kontaktsubstanzen nicht zu erzeugen vermögen". Katalysatoren führen „neue Kräfte in den Mechanismus der Reaktion" ein und „helfen Hindernisse überwinden", indem sie die wirksamen chemischen Kräfte auslösen. (Näheres s. S. 73ff.)

Zusammenfassend ergibt sich, daß die *Zwischenreaktionstheorie früherer Jahrzehnte zunehmend entwickelt und vertieft wird, so daß* das „besondere" Geheimnis, das die Katalyse früher umspielte, mehr und mehr in dem allgemeinen Geheimnis chemischer Affinität und Spezifität überhaupt aufgeht. Vor allem ist die Erkenntnis gewonnen (PLAYFAIR), daß der Katalysator zu den Komponenten des Substrates eine bestimmte Affinität auswählender Art haben muß, die jedoch ein bestimmtes Maß nicht überschreiten darf; ein vom Substrat vollkommen gebundener Stoff kann kaum noch weiter katalysieren.

Zu III. Übereinstimmendes und Abweichendes, Identisches und Differentes der einfachen chemischen Reaktion einerseits, der katalytischen Reaktion andererseits, können deutlich erst erkannt werden durch eingehendere Studien über den *Verlauf chemischer Vorgänge*, in der Regel an der Hand gewisser anschaulicher Bilder und Modelle. Hier ist die Domäne der *Reaktionskinetik*, von der sich schon vor OSTWALD, VAN 'T HOFF und ARRHENIUS bescheidene Anfänge finden. Und zwar handelt es sich um die Frage nach dem Reaktionsverlauf „einfacher" chemischer Vorgänge einerseits, katalytisch-chemischer Vorgänge mit Beteiligung des Katalysators andererseits. Auf diese Zusammenhänge der Katalytik mit der allgemeinen Reaktionskinetik ist im nächsten Kapitel einzugehen.

„Scheinmechanik" der Katalyse. Der dem Denken auferlegte Zwang, sich sämtliche Naturvorgänge, und zwar auch die verborgenen, als Vorgänge im Raume vorzustellen, zusammen mit der erfolgreichen begrifflichen Bewältigung makroskopischer Vorgänge als *Bewegungsvorgänge im Raume*, mußte immer wieder zu dem Versuche führen, die zunächst recht unbestimmten katalytischen Vorstellungen dadurch deutlicher zu machen, daß man sie „geometrisierte" und mechanisierte, d. h. daß man *die katalytischen Prozesse auf bestimmte Bewegungsformen der Atome zurückführte.* Freilich konnten derartige „Anschauungen" nur hypothetischer oder richtiger fiktiver Natur sein; auch war die allgemeine theoretische Grundlage noch so unzureichend, daß es oft recht primitive, ja platte und „nichtssagende" Bilder waren, die der „Vorstellbarkeit" der neuen Erscheinungen dienen sollten.

Die bedeutendste unter den begrifflichen Mechanisierungen haben wir in der *Mitschwingungshypothese* LIEBIGS (S. 40) kennengelernt. Aber auch andererseits begegnen uns immer wieder Bemühungen, Katalytisches nicht nur durch mechanische Analogien verständlicher zu machen (DEACON, BUNSEN u. a.), sondern es unmittelbar auf eine bestimmte *Mechanik der Atome* zurückzuführen, die freilich nur eine Scheinmechanik sein konnte. So wird die Katalyse oft als eine *„Überwindung chemischer Widerstände"* beschrieben, ohne daß sich genau sagen ließe, was und wie „überwunden" wird.

MITSCHERLICH führt 1833 aus (s. S. 31), daß durch Kontaktwirkung die Kraft, wodurch die Teile (Atome) von Substanzen miteinander reagieren können, so verändert wird, daß die Zersetzung oder Verbindung erfolgt; diese Veränderung aber wird gedacht als die Aufhebung eines Zustandes, in welchem die reaktionsfähigen Substanzen an ihrer erstrebten Zersetzung oder Verbindung „durch die Lage der Teile gegeneinander und ihre Stellung gehindert werden".

Die Weiterverfolgung derartiger einseitig mechanistischer Vorstellungen durch KARL FRIEDRICH MOHR, CARL GUSTAV HÜFNER, LOTHAR MEYER, FRIEDRICH STOHMANN u. a. hat im ganzen nicht die erhofften Ergebnisse gezeitigt. Oftmals gelangte man zu *Spekulationen*, die, an LEMERYS Atomvorstellungen (1675) erinnernd, jeder Kontrolle durch den Versuch unzugänglich und als Grundlage für neue Arbeitshypothesen ungeeignet waren[47]. So wenn es bei K. FR. MOHR heißt: „Säuren und Alkalien besitzen ungleiche Molekularbewegungen, und zwar die Säuren breite, aber wenig Schwingungen, die basischen Körper viele, aber schmale Schwingungen." Oder wenn O. LOEW 1875 für die Knallgaskatalyse die „einfache" Erklärung gibt, daß die Sauerstoffmolekeln bei heftigem Anstoßen auf die scharfen Kanten des Katalysators in zwei reaktionsfähigere Teile gespalten werden. (Ähnlich auch BOWER im Engl. P. 13549 von 1889 hinsichtlich der katalytischen Ammoniaksynthese: das mechanische Auseinanderreißen von Molekeln, „mechanical desintegration of the whole or a portion of the several molecules", das durch rasche Bewegung eingeleitet wird, kann weiter durch Reibung, „attrition", an festen Stoffen erleichtert werden.) Oder wenn nach STOHMANN 1894 die katalytische Zersetzung von H_2O_2 dadurch zustande kommt, daß die etwa von einer Fibrinflocke „ausgehenden Schwingungen das ohnehin höchst labile Gleichgewicht der Atome im H_2O_2 erschüttern und dadurch die Neulagerung der Atome herbeiführen". (S. auch BÖESEKEN über „dislocation moleculaire", 1928.)

STOHMANN definiert 1894 folgendermaßen: „Katalyse ist ein Bewegungsvorgang der Atome in den Molekülen labiler Körper, welcher unter dem Hinzutritt einer von einem anderen Körper ausgesandten Kraft erfolgt und unter Verlust von Energie zur Bildung stabilerer Körper führt." (Dieser Definition hat W. OSTWALD unmittelbar seine eigene neue gegenübergestellt, s. S. 95.)

Als schärfster *Gegner jeder mechanischen Vorstellung* hinsichtlich chemischer und katalytischer Vorgänge tritt SCHÖNBEIN auf den Plan (s. auch S. 67). Er ist überzeugt, daß „die Äußerungen der chemischen Tätigkeit der Körper von mechanischen und räumlichen Verhältnissen viel weniger abhängig sind, als dies gewöhnlich angenommen wird", und daß die gleichartige Wirkung von Wärme, Licht und Kontaktsubstanz, wie sie mehrfach beobachtet wird, auf die Existenz verborgener Stoffzustände hinweise, die mit „größeren oder kleineren Abständen" im Molekularbereich nichts zu tun haben. In gleicher Richtung liegt schließlich der aufsehenerregende Vortrag: „Die Überwindung des wissenschaftlichen Materialismus", den W. OSTWALD 1895 auf der Naturforschertagung in Lübeck hielt, mit einer entschiedenen Absage an Mechanismus und Atomismus: Die einfach mechanistische Theorie der Katalyse erscheint leer und unfruchtbar.

12. Anfänge und Fortschritte einer allgemeinen Theorie chemischer Reaktionen.

a) Formen chemischer Symbolik: von der Mechanik bis zur Elektronik.

Wenn es richtig ist, daß das Verständnis katalytischer und nichtkatalytischer Reaktionen sich gegenseitig bedingt und fördert, so erscheint es unumgänglich, daß in einer Geschichte der Katalyse auch der *Entwicklung der Vorstellungen über das Wesen der chemischen Reaktion überhaupt* gedacht wird. Hier ist klar, daß bestimmte Anschauungen erst auf *der Grundlage eines bestimmten korpuskularen Bildes* möglich wurden, wie es um den Anfang des 19. Jahrhunderts in der neuen wägenden und messenden Atomistik mit ihrem Atom- und Molekularbegriff und einer Ableitung bestimmter „Atomgewichte" auf Grund von Verbindungsgewichten hervortrat (DALTON, WOLLASTON, AMPÈRE, AVOGADRO, BERZELIUS u. a. m., s. Ostwalds Klassiker Nr 3, 8, 35)[48].

Die Ausdrücke „chemische Bindung“, „Verbindung“, „Wahl-verwandtschaft“ u. a. sind gewissermaßen ein Überbleibsel aus der alchemistischen Zeit, da in primitiv vermenschlichender Weise die Vereinigung und Trennung der Stoffe unter dem Bilde von Vermählung, Liebe, Ehe, Zeugung u. dergl. gefaßt wurde. In dieses Bild fügt sich auch leicht die Bemerkung von BOERHAVE, daß entgegengesetzt beschaffene Stoffe am stärksten zueinander streben. (Bei AGRIPPA VON NETTESHEIM [um 1520] hatte es noch geheißen: „Jedes Ding wird zu seinesgleichen hingezogen und zieht es mit seinem ganzen Wesen an sich.“)

Ein erster Versuch, die im Makroskopischen so erfolgreiche Mechanik fester Körper (GALILEI, NEWTON, HUYGENS, D'ALEM-BERT, LAGRANGE, LAPLACE u. a.) ohne weiteres auf das Gebiet kleinster Dimensionen zu übertragen, also eine *Statik und Dynamik der Atome* auf Grund von „Gravitation“ oder „Attraktion“ und „Repulsion“ und der mechanischen Gesetze des elastischen Stoßes zu schaffen, mußte scheitern, da man so der Polarität, der Spe-zifität und der „Sprunghaftigkeit“ des Chemischen (gegenüber der „Stetigkeit“ des Mechanischen) nicht gerecht werden konnte; und demgemäß ist dem groß angelegten Versuch von CL. L. BER-THOLLET, die *neue Chemie theoretisch auf eine reine Mechanik der Atome zu gründen* (Ostwalds Klassiker Nr 74), der erhoffte Erfolg versagt geblieben, wenngleich Einzelnes in der neuen Lehre „che-mischer Verwandtschaft“, wie z. B. eine erste Formulierung des „Massenwirkungsgesetzes“ mit seiner Folgerung unvollständiger Reaktionen, durchaus bedeutsam gewesen ist. Auch Bemühungen späterer Forscher, wie KARL FRIEDRICH MOHR und LOTHAR MEYER, auf reicherer experimenteller Basis jenes Unternehmen von BERTHOLLET gewissermaßen fortzusetzen und zu vertiefen, konnten im ganzen genommen keine tiefgreifende Wirkung aus-üben. Ist ja nach FR. MOHR „chemische Affinität nichts andres als eine neue Form bewegender Kraft, die an der Materie haftet“ ... oder „eine an den wägbaren Körpern haftende Molekular-bewegung, die mit übertragbar ist“.

Bei KARL GERHARDT (1848) heißt es: „Die chemischen Formeln leisten Verzicht auf Erkenntnis der wirklichen Atomanordnung“; bei LIEBIG (1838): „Chemische Eigenschaften wechseln je nach den Materien, die auf den Körper einwirken. Diese Eigenschaften sind demnach nichts Absolutes, sie gehören dem Körper nicht an.“

Reichere Frucht versprach zunächst die duale *elektrochemische Theorie* der Affinität von Berzelius, die in gewissem historischen Zusammenhang mit den vorausgehenden und gleichzeitigen Polaritätsvorstellungen Goethes und der „romantischen" Naturphilosophie (Schelling, Hegel) das Gebäude der Chemie durchaus auf die Polarität der positiven und negativen Elektrizität gründen wollte[49]. Tatsächlich schien hier, schon mit Rücksicht auf die eben gewonnenen Ergebnisse einer neuen *Elektrochemie* (J. W. Ritter 1800, Th. v. Grotthuss, H. Davy 1806, s. Ostwalds Klass. Nr 45 u. 152, Berzelius ab 1803 u. a.) eine haltbare Grundlage für eine chemische, und zwar auch die Katalyse umfassende Theorie gegeben, doch war die Kenntnis „mikroelektrischer" Erscheinungen damals noch allzu dürftig — fehlte ja noch jede genauere Vorstellung über die korpuskularen Erscheinungsformen mit „Masse" begabter Elektrizitätseinheiten (Elektronen) —, so daß das Unzulängliche der neuen Theorie für das Verständnis der „Zusammensetzung" chemischer Gebilde einerseits und für ihre „Umsetzung" andererseits, vor allem auf dem Gebiet der organischen Chemie, bald zutage trat.

Durch den Zwang reicher experimenteller Ergebnisse bestimmt — und weil von der Physik vorübergehend im Stiche gelassen —, hat sehr bald die *organische Chemie des 19. Jahrhunderts die Aufstellung einer Theorie „aus eigenen Kräften" unternommen* (Typentheorie, Substitutionslehre, Strukturchemie bis zur Stereochemie und Werners Koordinationslehre); und es ist lehrreich, zu sehen, wie trotz der sich immer mehr steigernden „Entfremdung" von der allgemeinen Physik, auf stark „fiktiven" Eigenwegen, vor allem eine *Strukturtheorie* von *eminenter Fruchtbarkeit* geschaffen werden konnte. Von außen gesehen, stellt sich das Gedankengebäude der klassischen organischen Chemie eines Liebig, Kekulé, Emil Fischer, A. v. Baeyer u. a. m. als ein *Eklektizismus* dar, der in geschicktester — aber unmöglich in „physikalische Tiefe" gehender — Weise Gedankenelemente verschiedenster Art zu einem ganzheitlichen Bilde formte. In Sonderheit waren es — neben einer Art dualistischer Grundvorstellung — mechanistische Momente von heterogener Beschaffenheit, die vereinigt und gebändigt wurden durch bestimmte bewährte „Spielregeln", die oft mehr genialer Intuition als scharfem „physikalischem" Nachdenken entsprungen waren; man denke an Kekulés Benzolformel 1865.

(Um die Jahrhundertwende gab es in Deutschland schließlich einen derartigen Spannungszustand von organischer Chemie und physikalischer Chemie, daß gelegentliche explosive Entladungen von der einen zur anderen Seite statt des erstrebenswerten einträchtigen Zusammenarbeitens unvermeidlich waren!)

In der Stille hatte sich währenddessen eine *Entwicklung dynamischer Art* angebahnt, die, auf sicherer *thermodynamischer Grundlage* aufbauend und „geläuterte" Molekularmechanik besonderer Art zu Hilfe nehmend, eine spätere Wiedervereinigung von Getrenntem, einen Zusammenschluß von Strukturlehre und Dynamik vorbereitete, und die sich durch die Stichworte „konstante Wärmesumme" (HESS), „Massenwirkungsgesetz", „Energetik", „kinetische Theorie der Gase", schließlich noch „elektrolytische Dissoziationstheorie" andeuten läßt. Eine volle Einordnung verschiedener Gebiete und Strebungen in *einen* Bau und eine volle Überbrückung vorhandener Gegensätze hat indes erst die Entwicklung der theoretischen Anschauungen unseres Jahrhunderts mit ihrer Ausbildung der Quantentheorie und einer eigenen „Atomphysik" verheißungsvoll in Angriff nehmen können.

Dieser flüchtigen Kennzeichnung des allgemeinen Entwicklungsganges des Chemismus in dem vergangenen Jahrhundert können wir speziellere Erörterungen folgen lassen, die mehr im einzelnen die Katalyse und ihre Beziehung zum allgemeinen Chemismus betreffen.

b) Adsorptionsforschung.

Schon mehrfach wurde auf die bedeutsame Rolle hingewiesen, die nach dem Urteil zahlreicher Forscher der Adsorption oder „Attraktion" von Gasen an den Oberflächen fester und flüssiger Körper für das Gebiet der heterogenen Katalyse zukommt. *Gas-Verdichtung* oder „-Absorption" an Grenzflächen war bereits in früheren Jahrhunderten als festes Haften von Gasspuren an Oberflächen, und zwar vor allem beim Luftleermachen von Barometerrohren beobachtet worden; und Männer wie SCHEELE, ROUPPE und PRIESTLEY haben mehrfach auf die besonders *starke Gasaufnahme durch gewisse poröse Körper wie frisch geglühte und unter Luftabschluß erkaltete Holzkohle* hingewiesen. Um 1800 (DALTON, PROUST, BERZELIUS) war dann die „chemische Absorption" (= Verbindung) nach stöchiometrischen Verhältnissen von der bloß physikalischen Absorption = „Verdichtung“, auch „Einschlürfung“ (DÖBEREINER), „Okklusion“, „Attraktion“ (FARADAY) oder „Kondensation“, bei der die Gasteilchen nur „durch den äußeren Druck in die Poren eingetrieben werden“, begrifflich abgetrennt werden. ROBERT BUNSEN, W. MÜLLER-ERZBACH u. a. haben derartige Wechselwirkung von Gasen mit der Oberfläche fester Körper genauer untersucht. Der Ausdruck „Adsorption“ aber ist erst 1881 von H. KAYSER im Anschluß an einen Vorschlag von E. DU BOIS-REYMOND geschaffen worden, um diejenigen Vorgänge zu kennzeichnen, bei denen Gasteilchen nicht bis in die Zwischenräume der Molekeln eines Körpers eindringen wie bei der „echten“ Absorption oder „Lösung“ (z. B. von H_2 in Pd nach GRAHAM).

Daß *jede* Reaktion von Gasen mit festen Stoffen das Vorstadium einer „Absorption“ im alten Sinne = Adsorption durchläuft, ist eine Erkenntnis späterer Zeiten; weit näher lag die Feststellung, daß speziell *Katalysen*, wie diejenige von Knallgas an Platinschwamm, eine vorherige „Verdichtung“ voraussetzen. So ist denn schon von Beginn der Beschäftigung mit Fällen heterogener Katalyse die Bedeutung der Adsorption oder „Gasverdichtung“ gewürdigt worden. Nur zuweilen geschah das in der übertreibenden Weise, daß die Adsorption als die eigentliche „auslösende“ und „schaffende“ *Ursache* der Katalyse erschien (z. B. LEMOINE 1877); wurden doch genügend Fälle von Adsorption an porösen Körpern wie Bimsstein und Kohle *ohne* anschließende Katalyse beobachtet. Demgemäß ging die herrschende Meinung dahin, daß die starke „Verdichtung“ an der Oberfläche, insbesondere hochporöser Substanzen, die Reaktion lediglich begünstige, erleichtere und einleite, also eine wesentliche „Vorbedingung“ bilde (DÖBEREINER, SCHWEIGGER, PFAFF, W. CH. HENRY, FARADAY, BERZELIUS u. a. m.).

In überraschend sorgfältiger und eingehender Weise haben sich mit dem Vorgange der *Adsorption als Vorstufe der Katalyse* an festen Oberflächen in den Zeiten VOLTAS zwei italienische Forscher, BELLANI und FUSINIERI, beschäftigt: ANGELO BELLANI (1776 bis 1852) schließt 1824 an Arbeiten von FONTANA, MAROZZO, ROUPPE, NOORDEN und TH. DE SAUSSURE an und untersucht die Beziehung zwischen „Absorption“ und „Wärmeentwicklung“ (Adsorptionswärme)[50]. Für die Knallgaskatalyse an Platin gilt, daß durch

Verringerung der „Elastizität" der gasförmige Wasserstoff an der Grenzfläche des Platins gewissermaßen „fest" werde und nun nach Art der Vereinigung von Gasen im Entstehungszustande („combinazione dei gas allo stato nascente") leicht reagiere, wobei die durch Adsorption bewirkte Temperaturerhöhung Hilfe leiste. Der Vorgang der Verdichtung selber aber kann auf „Molekularattraktion" beruhen, ja schließlich mit „elektrischen" Erscheinungen zusammenhängen.

Ganz ähnlich führt Ambrogio Fusinieri (1773—1853) im gleichen Jahre und später (im Anschluß an Thénard und Dulong) aus, daß hier eine Art „repulsive Urkraft" tätig sei, die weder mit einfacher „Attraktion" noch mit „Affinität" identisch sei und die sich am stärksten bemerkbar mache, wenn eine Masse sehr fein verteilt, also reich an Kanten und Ecken sei. Besonders beachtlich sind die besonderen *experimentellen Beobachtungen*, die Fusinieri an katalytisch glühendem Platindraht u. dgl. machte, wobei er (wie Pleischl, S. 14) *die Lupe* zur deutlicheren Beobachtung der Vorgänge anwendete; und es mutet direkt als eine Art qualitatives Vorspiel praktischer Reaktionskinetik späterer Zeit an, wenn er beschreibt, wie das Platin als eine Art „Docht" die Dämpfe anzieht und wie die einzelnen Gasschichten und Schlieren dahingleiten, aufglühen, verschwinden und sich erneuern!

Fusinieris Hinweis auf ein bedeutsames „Drittes" sowie die Betonung der Bedeutung mikroskopischer Kanten und Ecken erinnert an eine Äußerung Schweiggers von 1823, der gleichfalls zwischen Mechanischem und Chemischem ein in der Mitte Liegendes vermutet, das bisher zu wenig beachtet worden sei, und der dazu besondere „Anlegepunkte" des wirkenden Körpers annimmt (s. S. 24).

Die Arbeiten und Meinungen von Schweigger, Bellani und Fusinieri, mit ihrer Fortsetzung bei Faraday, bedeuten hinsichtlich einer „Adsorptionstheorie" der heterogenen Katalyse Höhepunkte, die im ganzen 19. Jahrhundert nicht überschritten worden sind; zugleich erscheinen sie als Vorboten der Forschung des 20. Jahrhunderts über „aktivierte Absorption" und „aktive Stellen" des Katalysators. Soweit im vergangenen Jahrhundert Adsorption in ihrer Bedeutung für chemische Vorgänge weiter verfolgt worden ist, handelt es sich zumeist um bestimmte Fälle von praktischer Bedeutung, insbesondere um die Verwendung von

Adsorptionskohle (Knochenkohle, Blutkohle, Holzkohle usw.) für Entfärbungs- und Reinigungszwecke vermöge „Capillaradsorption".

In diesen Zusammenhang fällt noch die Beschäftigung mit *pyrophoren Metallpulvern* (schon GUSTAV MAGNUS 1825, S. 44), die jedoch erst in unserem Jahrhundert deutliche Beziehung zur Katalyse gefunden hat[51].

c) Zusammensetzung der Gesamtreaktion aus Teilreaktionen; SCHÖNBEINS Lehre vom Chemismus.

Bezieht sich die eben kurz geschilderte Entwicklung der Adsorptionsforschung des 19. Jahrhunderts sachgemäß nur auf die eine Hauptgruppe denkbarer Reaktionen: Vorgänge an Oberflächen im Zwei- oder Mehrphasensystem, so ist nunmehr in groben Umrissen auf die Entwicklung der Vorstellungen über das „Zusammengesetztsein" der in üblichen Reaktionsgleichungen ausgedrückten chemischen Vorgänge überhaupt, sowohl heterogener wie homogener Art, einzugehen.

Bemerkenswerterweise ist es eine Frau, Mrs. FULHAM, die schon im Jahre 1794 eine Art erster *Teilreaktionshypothese chemischen Geschehens* entwickelt[52]. Im Anschluß an bestimmte Einwände gegen LAVOISIERS Verbrennungstheorie setzt Mrs. FULHAM in erstaunlich „vorahnender" Weise auseinander, daß die *Oxydation oder Reduktion eines Stoffes nur in Gegenwart von Wasser stattfinden könne*; der Vorgang aber spiele sich so ab, daß das Oxydations- oder Reduktionsmittel zunächst mit dem Wasserstoff oder Sauerstoff des Wassers in Verbindung trete und der dadurch frei werdende Sauerstoff oder Wasserstoff die Reaktion bewirke.

In heutige Worte gekleidet aber heißt das, daß Wasserspuren bei Oxydationen oder Reduktionen als *katalytische Vermittler und Überträger* tätig sind, ähnlich wie das Stickoxyd beim Bleikammerprozeß gemäß DESORMES und CLÉMENT 1806[53].

In welcher Weise dieser Gedanke für *katalytische* Reaktionen weitergeführt und damit die Zwischenreaktionshypothese zur Haupttheorie der Katalyse ausgebildet worden ist, wurde bereits erörtert. Noch fehlt aber die Auffassung, daß *jeder chemische Vorgang* nicht unmittelbar als Ganzes aus der Tiefe hervorquillt und hervorspringt, sondern daß er durchweg *in einer ganzheitlichen Aufeinanderfolge bestimmter Teilreaktionen* (Elementarreak-

5*

tionen und Urakten nach neuerer Ausdrucksweise) *besteht*, genauer: daß es vom zergliedernden Verstande als eine ganzheitliche Zusammenfassung solcher Teilakte beschrieben werden kann und muß.

SCHÖNBEINs *Stellung zu Chemismus und Katalyse*. CHRISTIAN FRIEDRICH SCHÖNBEIN, 1799—1868, ebenso wie DÖBEREINER ohne regelrechten Studiengang, ab 1828 an der Universität Basel tätig, befreundet mit SCHELLING, LIEBIG, FARADAY, BERZELIUS, ROBERT MAYER; phantasievoller „qualitativer" Chemiker von starker schöpferischer Vielseitigkeit: Ozon, Schießbaumwolle (auch R. BÖTTGER, S. 18), Kollodium, Aktivierung des Sauerstoffs, Allotropie, passiver Zustand, Reaktionskopplung u. a. m.; starker Gegner der herkömmlichen Atomistik.

In seinem ersten Briefe an LIEBIG von 1853 sagt SCHÖNBEIN nach einer *Zurückweisung* „*mechanistischer Betrachtungsweise des Chemismus*" (S. 61): „Ich vermute deshalb, daß von dem Augenblicke an, wo verschiedenartige Materien in Berührung geraten, bis zu dem Moment, wo zwischen ihnen eine chemische Verbindung zustande gekommen ist, dieselben wesentliche Veränderungen in ihrem chemischen Zustande erleiden und die Vollendung der Verbindung nur den Schlußakt einer Reihe vorangegangener Prozesse bildet.[54]" Entsprechend heißt es in einem späteren Briefe an LIEBIG vom 5. März 1868 (kurz vor seinem Tode): „Ich habe früher schon einmal die Ansicht ausgesprochen, daß jeder chemische Vorgang synthetischer und analytischer Art *ein aus verschiedenen Akten zusammengesetztes Drama, ein wirklicher ‚processus' sei, d. h. einen Anfang, eine Mitte und ein Ende habe, welcher Ansicht ich noch immer bin.*"

So erscheint denn SCHÖNBEIN der „Stoff" nicht als etwas Beharrendes, sondern als etwas in stetem Wechsel des Zustandes Befindliches, und dieser *Wechsel des Zustandes im chemischen Vorgange* steht im Mittelpunkt seiner theoretischen Forschung, mag es sich um „Allotropie" des Sauerstoffs (Ozon und „Antozon") und „Isomerie", um aktiven oder „passiven" Zustand, um Nitrifikation, Katalyse oder Reaktionskopplung, oder auch um beliebige Vorgänge in dem „unheimlichen Gebiete des Organischen" handeln. „Chemische Tätigkeit der Körper" ist „von mechanischen und räumlichen Verhältnissen viel weniger abhängig, als dies gewöhnlich angenommen wird", und es gibt chemische Zustände, „von deren Beschaffenheit wir noch keine Vorstellung haben". Warum soll dann nicht auch (s. S. 55) „die Gegenwart gewichtiger Stoffe ... die chemischen Anziehungskräfte derselben zu erhöhen vermögen"? Die Affinitätsverhältnisse aller Elemente „können durch die bloße Anwesenheit gewisser Materien verändert werden", sei es durch Mitteilung bestimmter Bewegungszustände der kleinsten Teilchen, sei es durch „dunkle Körperstrahlen"[55] oder sonstwie. *Den Stoffen der Chemie ist ein intensiver Tätigkeitszustand, ein inneres Leben eigen,* und das katalytische Geschehen ist nichts anderes als eine besondere Form des chemischen Geschehens, die aus der Aktivität des Stoffes mit Notwendigkeit hervorgeht.

Derartige durchaus antimechanistisch-aktivistische und dynamische Anschauungen haben SCHÖNBEIN bei allen seinen Arbeiten geführt, vor allem auch in dem andauernden Studium seines „chemischen Helden", des Sauerstoffs, an dem er immer neue Seiten und Fähigkeiten entdeckte[56].

Daß SCHÖNBEIN, gleichwie THÉNARD und BERZELIUS, die *Fermentwirkung der katalytischen Wirkung gleichsetzt,* versteht sich bei einer solchen Einstellung zum chemischen Geschehen von selbst. „Durch die ganze Pflanzen- und Tierwelt sind Substanzen verbreitet, mit dem Vermögen begabt, nach Art des Platins das Wasserstoffsuperoxyd zu zerlegen", z. B. Blutkörperchen und „eiweißartige Stoffe" der Pflanzensamen; ebenso sind aber auch mannigfache Stoffe vorhanden, die solche anregende Wirkung lähmen und aufheben können. Vor allem ist es die *Blausäure,* die sowohl die zersetzende Wirkung des Platins wie auch organische Oxydationswirkungen, z. B. Bläuung von Guajactinktur, zu hemmen und zu zerstören vermag; und ähnlich kann auch H_2S sowohl anorganische Katalyse wie die Wirkung von Organauszügen, Blutfibrin usw. stark beeinträchtigen. *Die H_2O_2-Zersetzung ist das Urbild jeder Gärung nebst verwandten Prozessen.*

Es ist unmöglich, aber auch unnötig, hier die ausgedehnte spezielle katalytische Tätigkeit zu verfolgen, der SCHÖNBEIN ähnlich wie DÖBEREINER bis an sein Lebensende treu geblieben ist (einiges wurde an früherer Stelle schon berührt). Genug, daß bei ihm die wohlbegründete Vorstellung einer mannigfachen *Aktivität des Stoffes in einem steten Wandel der Zustände* herrscht, und daß die „Katalyse" samt Fermentwirkung in diese Vorstellung eines unaufhörlichen Geschehens wunderbarster Art gewissermaßen als eine „Selbstverständlichkeit" und Notwendigkeit ohne weiteres eingereiht wird.

Anhangsweise ist noch zu berichten, daß SCHÖNBEIN der erste Forscher gewesen ist, der, teilweise mit seinem Schüler SCHAER, an typischen Fällen eine eigentümliche, der Katalyse nahestehende Reaktionsweise genauer festgestellt hat, die heute als „*Reaktionskopplung*" *durch* „*stoffliche Induktion*" bezeichnet wird. Es handelt sich darum, daß eine Reaktion, die infolge innerer „Widerstände" oder mangels „freier Energie" nicht stattfindet, durch das gleichzeitige Stattfinden einer zweiten Reaktion ermöglicht wird, die mit der fraglichen Reaktion einen Ausgangsstoff oder auch eine entstehende Zwischenverbindung gemeinsam hat. So wird nach SCHÖNBEIN eine Ozonbildung aus $O_2 + {}^1/_2\,O_2$ ermöglicht, wenn gleichzeitig Phosphor eine langsame Oxydation an der Luft erfährt. Noch deutlicher ist der Fall der Oxydation von Indigoblau durch Chlorsäure, wenn gleichzeitig Eisenoxydulsalz eine entsprechende Oxydation erfährt.

Eine *systematische Zusammenstellung* und Erörterung derartiger Fälle hat LUDWIG KESSLER, Danzig, 1863 gegeben[57]. Ein genaueres Studium auf reaktionskinetischer Grundlage haben indes erst 1903 ROBERT LUTHER und SCHILOW unternommen mit dem Schulfall

    I. $SO_2 + HBrO_3 \rightarrow SO_3$: induzierende Reaktion

    II. $As_2O_3 + HBrO_3 \rightarrow As_2O_5$: induzierte Reaktion.

Bromsäure = Aktor, später auch Donator genannt; Schweflige Säure = Induktor (dem Katalysator vergleichbar); Arsensäure = Acceptor. In der Regel wird eine ganzzahlig stöchiometrische Kopplung beobachtet, in der Weise, daß der Aktor oder Donator seine Wirkung in einem arithmetisch bestimmten Verhältnis zwischen Acceptor und Induktor verteilt.

d) Massenwirkung und chemische Reaktionsgeschwindigkeit.

Trotz des starken Vorwiegens qualitativer chemischer Denkweise im vergangenen Jahrhundert, wie sie sich in SCHÖNBEIN besonders scharf ausprägt, ist doch, und zwar auch außerhalb der dauernd unerschütterten und weiterentwickelten *Stöchiometrie*, das quantitative Moment nicht außer acht geblieben.

Nachdem für die Verbindungs- und Zersetzungsverhältnisse der Stoffe bestimmte Zahlen als vorwiegend maßgeblich gefunden und dementsprechend Wägen und Messen zur Parole der neuen Chemie geworden waren, ist allmählich auch eine *chemische Statik und Dynamik* entstanden; diese weist jedoch in hohem Grade *Eigengesetzlichkeit* auf, indem sie nicht ohne weiteres aus herkömmlicher mechanischer Statik und Dynamik gefolgert werden konnte.

Neue Gesetzmäßigkeiten sind vor allem in der Tatsache chemischer „*Massenwirkung*", *besser Konzentrationswirkung*, hervorgetreten, wie sie GULDBERG und WAAGE 1867 empirisch abgeleitet haben (Ostwalds Klassiker Nr 104) und wie sie weiter von A. HORSTMANN, WILLARD GIBBS, VAN 'T HOFF (Reaktions-Isochore) und LE CHATELIER thermodynamisch begründet und in ihre Konsequenzen verfolgt wurde. Damit war eine zuverlässige *chemische Statik* in Gestalt einer „Gleichgewichtslehre" gewonnen (s. auch S. 86).

Andererseits ist, anfangs empirisch vorfühlend, später im Anschluß an die kinetische Gastheorie von KRÖNIG (1856), R. CLAUSIUS (1857) und MAXWELL (1876), auch eine messende chemische „Bewegungslehre" unter Beachtung des Zeitbegriffes entstanden: *chemische Kinetik oder Dynamik als eine Disziplin über den Ablauf chemischer Reaktionen.*

Im Jahre 1777 hatte zuerst F. X. WENZEL von *Reaktionsgeschwindigkeit* gesprochen, die er als Maß der treibenden „chemischen Kraft" ansah. Genauere Messungen des zeitlichen Verlaufes chemischer Reaktionen sind indes erst wesentlich später vorgenommen worden. Begreiflicherweise konnte es sich dabei nicht um die in der anorganischen Chemie vorherrschenden „augenblicklichen", d. h. in unmeßbar kurzer Zeit praktisch zu Ende gehenden Reaktionen in wäßriger Lösung (später als „Ionenreaktionen" erkannt) handeln, sondern es mußten von dieser Norm abweichende, langsam und dazu vielleicht sogar unvollständig und umkehrbar verlaufende Reaktionen der Messung zugrunde gelegt werden.

Es ist demgemäß eine altbekannte Reaktion aus der organischen Chemie, die *Spaltung oder „Inversion" von Rohrzucker unter dem Einfluß von Säuren* (BIOT und PERSOZ) die der Physiker LUDWIG WILHELMY in Heidelberg 1850 in einer seinerzeit wenig beachteten Arbeit einer Messung der Reaktionsgeschwindigkeit unter theoretischem Gesichtspunkt und mit exakter polarimetrischer Methode unterworfen hat[58]. Von der heute im wesentlichen noch gültigen fundamentalen Ansatzgleichung ausgehend

$$\frac{-dZ}{dT} = MZS,$$

worin $-dZ$ den „Zuckerverlust" im Zeitelement dT, M den Umwandlungskoeffizient („Umkehrungskoeffizient") und S die „Säuremenge" betrifft, entwickelt Wilhelmy mathematisch unter der Annahme einer Unveränderlichkeit der Säure die Gesetzmäßigkeit einer (nach späterem Ausdruck von van 't Hoff) „monomolekularen Reaktion" und bemüht sich auch, den Einfluß der Temperatur auf die Geschwindigkeitskonstante experimentell festzustellen. So ergibt sich „ein erster gelungener Versuch, in die Gesetze des zeitlichen Verlaufs chemischer Reaktionen einzudringen" (W. Ostwald); das „*Massenwirkungsgesetz*" *in seiner kinetischen Form* war aufgestellt.

Daß Wilhelmy sich der Tragweite seiner Messungen und Berechnungen bewußt war, beweist seine Bemerkung: „Ich muß es den Chemikern überlassen, ob und wieweit die gefundenen Formeln für andere chemische Vorgänge Anwendung finden; jedenfalls scheinen mir doch alle diejenigen, deren Eintreten man der Wirksamkeit einer katalytischen Kraft zuschreibt, hierher zu gehören." (War ja die von ihm gewählte Reaktion selbst eine solche gewesen!)

Dieselbe Reaktion haben dann 1852 Loewenthal und Lenssen mittels einer chemischen Methode (Einwirkung auf Fehlingsche Lösung) messend verfolgt.

Eine *unvollständig verlaufende Reaktion:* die Esterbildung aus Säure und Alkohol, nahmen 1862 M. Berthelot und Péan de St. Gilles in Untersuchung. Weiter haben Harcourt und Esson 1866 die Beziehung zwischen Konzentration und Reaktionsgeschwindigkeit an der Oxydation von JH mit H_2O_2 und von Oxalsäure mit Permanganat studiert. Die ersten reaktionskinetischen Messungen an Gasen hat Bunsen gemeinsam mit Roscoe ab 1855 an der Vereinigung von Chlorknallgas im Licht (Draper 1843) ausgeführt (Ostwalds Klassiker Nr 34 u. 38). Eine Erörterung der Reaktionsgeschwindigkeit katalytischer Reaktionen unter Beachtung von Gleichgewichtsverhältnissen ist uns bei Deacon (S. 57) begegnet.

Im ganzen hat sowohl hinsichtlich der Theorie der Katalyse wie auch bezüglich der Messung von Reaktionsgeschwindigkeiten eine Menge Vorarbeit vorgelegen, an die dann die neuere physikalische Chemie unter W. Ostwald, van 't Hoff, Arrhenius, Nernst, Bodenstein und vielen anderen anschließen konnte. Dabei ist allerdings zu bedenken, daß vieles von dem, worüber wir berichtet haben (insbesondere die Arbeiten von Bellani und Fusinieri, Mercer und Playfair, Wilhelmy usw.), aus der chemischen Tradition so gut wie verschwunden war, als Wilhelm Ostwald und andere es unternahmen, eine neue Epoche der katalytischen Chemie zu schaffen[59].

e) Abschluß und Übergang: A. W. Horstmann.

In einer Wende katalytischer Forschung steht August Wilhelm Horstmann, Heidelberg (1842—1929), insofern, als er *zum ersten Male die Theorie der Katalyse einfügt und einordnet in das Gebäude der physikalischen Chemie*, das ihr fortan als Wohnung dienen sollte. Dabei hat Horstmann kaum eigene experimentelle Beiträge zur Katalyse geliefert, auch nimmt die Katalyse in seinem Gesamtwerk nur einen verhältnismäßig beschränkten Platz ein[60].

August Horstmann hat im Anschluß an Sadi Carnot, Clausius, W. Thomson und Helmholtz die bisher ziemlich verschwommene und unbestimmte „Affinitätslehre" auf die feste thermodynamische Basis gestellt, auf der sie heute noch ruht. Vor allem hat er (noch vor Lord Rayleigh) den zweiten Hauptsatz, das *Entropieprinzip*, auf die chemischen Vorgänge angewendet und ist damit über die unzureichende thermochemische Betrachtungsweise von Berthelot hinausgegangen, so (neben W. Gibbs) den Übergang zu van 't Hoff, Arrhenius, Roozeboom, Boltzmann, Planck, Nernst, Tammann u. a. bildend.

In bezug auf „Katalyse" handelt es sich um das von Horstmann bearbeitete Lehrbuch der Chemie von Graham-Otto, 3. Aufl., Bd. I, Teil 2, Abschnitt über „Affinität" und „Katalyse" (1885). Bei der Katalyse sind „chemische Kräfte im Spiele, welche den bestehenden Zustand zwar stören, aber neue beständige Verbindungen der sog. Kontaktsubstanzen nicht zu erzeugen vermögen". Solche Kontaktwirkungen sind analog denjenigen Wirkungen, die von verschiedenen *Lösungsmitteln* als Medium für eine Reaktion ausgehen können. In vielen Fällen ist ein *Verlauf der Katalyse über Zwischenreaktionen* wahrscheinlich; so handelt es sich bei der Substitution von Chlor in Benzol-Kohlenwasserstoffe wohl um eine vorübergehende Anlagerung des Cl an den Katalysator, mit nachfolgender Abgabe. Analog wie Kontaktstoffe wirken *Fermente*, zum mindesten die „ungeformten“, denen die „geformten“ Fermente (Mikroorganismen nach PASTEUR) gegenüberstehen. Allgemein können Katalysatoren in der Weise wirken, daß sie „Hindernisse überwinden helfen, welche sich der betreffenden Veränderung in den Weg stellen, durch Auslösung der chemischen Kräfte, welche jene Veränderung anstreben“.

HORSTMANNS streng wissenschaftlicher Einstellung entspricht auch ein Verzicht auf billige und im Grunde nichtssagende „molekular-mechanische“ Spekulationen über das Wesen der „Affinität“, wie sie in jener Zeit noch vielfach im Schwange waren; nur die *Thermodynamik* kann eine sichere Grundlage für das Gebäude der chemischen Theorie geben.

Als etwas Neues findet sich bei HORSTMANN ein Hinweis auf eine Art Eigenkatalyse, d. h. die „merkwürdige Erscheinung“, daß „*manche chemische Vorgänge durch die Gegenwart derjenigen Stoffe eingeleitet oder beschleunigt werden können, welche diese Stoffe selbst erzeugen*“. Als Beispiele dienen die Verbreitung des Rostens an Eisen nach einmal begonnener Bildung einzelner Rostflecke (der Fortpflanzung der Keimwirkung bei der Verwitterung krystallwasserhaltiger Salze und den Auslösevorgängen bei übersättigten Lösungen und unterkühlten Schmelzen analog) sowie die Reduktion von Permanganat durch Oxalsäure, die rascher fortschreitet, wenn Manganosalz, das Endprodukt der Reaktion, in gewisser Menge schon vorhanden ist. Hier hat W. OSTWALD anschließen können, indem er 1890 die Bezeichnung „Autokatalyse“ schuf.

Zeittafel I. Katalytische Forschung bis W. OSTWALD
(s. auch S. 79).

1781: PARMENTIER, Verzuckerung von Stärke beim Kochen mit Säure.
1782: SCHEELE, Veresterung von Essigsäure, Benzoesäure usw. mit Alkohol in Gegenwart von Mineralsäure.
1783: PRIESTLEY, Umwandlung von Alkohol in Äthylen und Wasser an erhitztem Ton.
1795: DEIMANN u. a., Äthylenbildung aus Alkohol an verschiedenen Stoffen näher untersucht.

1796: VAN MARUM, Spaltung von Alkohol an glühenden Metallen (Aldehyd).

1796: Mrs. FULHAM, Wasserspuren als Überträger und Vermittler bei chemischen Reaktionen.

1806: DESORMES u. CLÉMENT, Untersuchung des Bleikammerverfahrens, Stickoxyd als Sauerstoffüberträger für Schweflige Säure.

1812: H. DAVY, Bleikammerkrystalle (Nitrosylschwefelsäure) sind für den Prozeß von wesentlicher Bedeutung.

1812: G. S. KIRCHHOFF sowie VOGEL, Bei der Stärkeverzuckerung wird die Säure nicht verbraucht.

1813: THÉNARD, Zersetzung von Ammoniak an erhitzten Metallen, insbesondere Eisen.

1815: GAY-LUSSAC, Spaltung von Cyanwasserstoff an Eisen.

1816: AMPÈRE, Annahme abwechselnder Nitridbildung und -spaltung bei der Ammoniakzersetzung an Metallen.

1817: H. DAVY, Verbrennung von Methan und Alkohol an glühendem Platindraht.

1818: THÉNARD, Zersetzung von Wasserstoffsuperoxyd an Metallen, Oxyden und organischen Substanzen wie Fibrin u. dgl.

1821: DÖBEREINER, Oxydation von Alkohol zu Essigsäure an Platinmohr bei gewöhnlicher Temperatur.

3. Aug. 1823: DÖBEREINER, Entflammung von Wasserstoff in Gegenwart von Platinschwamm bei gewöhnlicher Temperatur.

1824: SCHWEIGGER, „Anlegepunkte (aktive Stellen) bei derartigen Grenzflächenvorgängen.

1824: BELLANI, FUSINIERI, „Adsorptionstheorie" der Berührungsreaktionen.

1824: TURNER, Schädlicher Einfluß verschiedener Fremdstoffe auf die Knallgasvereinigung.

1829: DESPRETZ, Auftreten einer Nitrid-Zwischenverbindung bei der katalytischen Zersetzung von Ammoniak.

1831: PHILLIPS, Schwefelsäure durch SO_2-Oxydation an Platin.

1831: BÖTTGER, Vernichtung der Zündkraft des Platins durch Ammoniak.

1833: MITSCHERLICH, Name „Kontakt"-Reaktionen.

1834: FARADAY, Einfluß der Reinheit der Platinoberfläche auf die Wirksamkeit bei der Knallgaskatalyse; Bedeutung der Adsorption.

1835: BERZELIUS, Name und Definition der Katalyse.

1838: DE LA RIVE, Erklärung der Knallgaskatalyse an Metallen durch abwechselnde Oxydation und Reduktion.

1838: KUHLMANN, Salpetersäure durch Oxydation von Ammoniak mit Luft an Platin.

1839: LIEBIG, Übertragung von Zerfallsvorgängen als Erklärung katalytischer Reaktionen; erste Fermenttheorie.

1840: KUHLMANN, Erklärung der Ätherbildung in Gegenwart von Chloriden u. dgl. durch Anlagerungs- und Zwischenverbindungen.

1842: MERCER, Erklärung der Katalyse durch schwache Affinitätsäußerungen des Katalysators.

1844: DÖBEREINER, Erhöhung der Wirksamkeit von Platin durch Alkali.

1845: OXLAND, Gewinnung von Chlor durch katalytische Oxydation von Chlorwasserstoff.
1848: PLAYFAIR, Affinitätstheorie der Katalyse.
1850: WILHELMY, Erste Messung der Reaktionsgeschwindigkeit bei der Einwirkung von Säuren auf Rohrzucker.
1852: CORENWINDER, Vereinigung von Jod und Wasserstoff über Platinschwamm.
1852: WÖHLER und MAHLA, Kupferoxyd-Chromoxyd-Mischkatalysatoren bei der Oxydation von Schwefeldioxyd.
1857: SCHÖNBEIN, Bearbeitung von Zerfalls- und Oxydationskatalysen anorganischer und organischer Art.
1863: DEBUS, Katalytische Hydrierung von Blausäure durch Wasserstoff mit Platinschwarz.
1868: SCHÖNBEIN, Katalytische Vorgänge, insbesondere Oxydationen, im physiologischen Geschehen.
1871: DEACON, Beachtung von Reaktionsgeschwindigkeit und chemischem Gleichgewicht.
1885: HORSTMANN, Einordnung der Katalyse in das System der physikalischen Chemie; erste Beispiele von „Eigenkatalyse“.
Um 1890: WILHELM OSTWALD, Katalyse als „Beschleunigung“ an sich stattfindender Vorgänge; Ausbildung katalytischer Reaktionskinetik.
Ab 1896: SABATIER, Katalytische Hydrogenisation und Dehydrogenisation mit Nickel; Dehydratation usw.

13. Die Biokatalyse im 19. Jahrhundert.

Zu derselben Zeit (um 1800), da sich aus der Gesamtheit experimentellen Geschehens die besondere Erscheinungsgruppe der Reaktion durch „Kontaktwirkung“ auszusondern begann, geschah es auch auf dem Gebiet organismischer Vorgänge, daß als spezielle Erscheinungsform einer „Auslösungs- oder Anstoßkausalität“ der Begriff einer „Fermentwirkung“ festere Umrisse gewann und damit in die Nähe jener „Wirkung durch bloßen Kontakt“ gerückt wurde. Hatte durch Jahrhunderte „fermentum“ (ähnlich dem „arcanum“ der Heilkunde) als Bezeichnung für irgendein wirksames Agens, ein tätiges „Prinzip“ gegolten, so war das Wort allmählich auf die Bedeutung eines *stofflichen* Etwas eingeengt worden, das bei Vorgängen wie der Wirkung von Sauerteig oder der Hefe beim Backen, sowie bei der alkoholischen und sauren Gärung und schließlich auch bei Fäulnisvorgängen seine Wirksamkeit entfaltet. (Siehe auch S. 8.)

Dabei ist ein eigentümlicher „Kreislauf“ hinsichtlich der Beziehung zu bemerken, in die „Fermentwirkung“ und „Kontaktwirkung", wenn auch in recht unklarer Weise, zueinander gebracht werden. „Die alten Alchemisten benutzten das Beispiel der Hefewirkung, wenn sie diejenige des *Xerions* oder Elixiers und Steins der Weisen erklären wollten" (FÄRBER). Da nun der „Stein der Weisen" als magischer Vorläufer des realen „Katalysators" erscheint, so ist es nur recht und billig, wenn später von Männern wie THÉNARD, DÖBEREINER, BERZELIUS, SCHÖNBEIN umgekehrt die Katalysatorwirkung als Vorbild der Fermentwirkung angesehen, ja schließlich die Fermentwirkung als eine Betätigung organischer Katalysatoren in und von Lebewesen (einschließlich Mikroorganismen) erkannt und hingestellt worden ist.

Um 1800 und noch späterhin war der Zustand so, daß als typisches „Ferment" dasjenige der *Gärung* galt, wobei zwischen alkoholischer, saurer und fauliger Gärung unterschieden wurde. *Bodensätze*, die sich bildeten und vermehrten, war man geneigt, ohne weiteres als „Ferment" anzusprechen. Bestimmtere Erkenntnisse wurden gewonnen in dem Falle des wirksamen Prinzips des Malzauszuges (s. S. 6; von PAYEN und PERSOZ 1833 näher untersucht und als „Diastase" bezeichnet) sowie in bezug auf „Pepsin" (SCHWANN 1836) und „Emulsin" (LIEBIG und WÖHLER 1837). EBERLE hatte 1835 gemeint, daß die Schleimhaut des Magens anscheinend katalytisch bei der Auflösung der Nahrungsmittel durch den Magensaft wirke.

Bezüglich der Hefe ist zu berücksichtigen, daß von der *Existenz lebender Gärungserreger* zunächst noch nichts bekannt war. Erst LOUIS PASTEUR (1822—95) ist es im Anschluß an Vorgänger wie SCHWANN und CAGNIARD-LATOUR gelungen, das Gebiet der gärungserregenden und sonstigen *Mikroorganismen* (Sproß- und Spaltpilze, Kokken usw.) voll zu erschließen. Seine „vitalistische" Gärungslehre wurde heftig bekämpft von LIEBIG, der an der einfach chemischen Natur der Fermente festhielt[61]. Volle Aufklärung hinsichtlich der widerstreitenden Anschauungen hat (nach mißlungenen Versuchen von LÜDERSDORFF) EDUARD BUCHNER 1897 gebracht, indem er zeigen konnte, daß durch Abtöten und „Auspressen" von Mikroorganismen Lösungen chemischer Stoffe zu gewinnen sind, die dasjenige *aktive Ferment* enthalten, *welches durch die Lebenstätigkeit von Mikroorganismen gebildet wird.* Die Unterscheidung von „geformtem Ferment" (= Mikroorganismus) und „ungeformtem Ferment", dem A. KÜHNE 1878 den Namen „Enzym" gegeben hatte, wurde damit schließlich gegenstandslos, so daß „Ferment" und „Enzym" fortan als gleichbedeutende Worte gebraucht werden konnten.

Wie aber hat man bei der durch fast das ganze Jahrhundert sich hinziehenden Ungewißheit über die Natur typischer Fermente überhaupt zu der *Gleichsetzung Ferment = Katalysator* (BERZELIUS u. a.) gelangen können? Ein Experimentieren nach der Art der Knallgaskatalyse und der H_2O_2-Zerlegung mit Platin, wo man einen bestimmten Körper in das System hineinbringt und nach vollendeter Reaktion wieder herausbringt, war ausgeschlossen; nicht einmal eine strenge Isolierung und chemische Identifizierung war je gelungen. Man war mithin völlig auf eine *indirekte Beweisführung* auf Grund des Satzes: „kleine stoffliche Ursachen — große stoffliche Wirkungen" angewiesen, der denn auch auf diesem Gebiete in keinem Falle irregeführt hat.

Das „über alle Stöchiometrie Erhabensein" der wenigen damals bekannten Fermente ist es auch gewesen, das vor allem BERZELIUS dazu geführt hat, in bewundernswertem Erweiterungsdenken eine Vorahnung der ungeheuren *Bedeutung von Biokatalysatoren* zu gewinnen, indem er von den „Tausenden von Katalysatoren" redet, die vermutlich in jedem Organismus eine geregelte Wirksamkeit entfalten. Im übrigen ist diese Gleichsetzung von Katalysator und Ferment zunächst ohne nachhaltige Wirkung gewesen; die Enzymchemie ist vorerst ihre eigenen Wege gegangen, und auch ein SCHÖNBEIN hat daran nichts zu ändern vermocht.

Das *Auseinandergehen des katalytischen Weges und der Fermentforschung* in den letzten Jahrzehnten des 19. Jahrhunderts wird offenbar z. B. in dem Werke von C. OPPENHEIMER, „Die Fermente und ihre Wirkungen", 1. Aufl. 1900; 2. (schon wesentlich verbesserte) Aufl. 1903. Ferment ist hier „das materielle Substrat einer eigenartigen Energieform, die von lebenden Zellen erzeugt wird und mehr oder weniger fest an ihnen haftet". „Eine *Vereinigung* zweier Stoffe kann nie durch ein Ferment erfolgen" (bald darauf widerlegt!). BOKORNY redet gar von „Atombewegungen von bedeutender Amplitüde", von in Thermogenen aufgespeicherter potentieller Wärmeenergie" u. dgl. m. Die Beziehung zur „ominösen" Katalyse aber wird nur leicht gestreift.

Der neuen physikalischen Chemie, insbesondere W. OSTWALD und BREDIG, ist es vorbehalten gewesen[62], *das Band zwischen katalytischer Forschung und Enzymforschung* neu zu schlingen und zu festigen; mit welch gewaltigen Erfolgen aber, das zeigt jedes heutige Lehr- und Handbuch der Enzymchemie[63].

Daß *mit den eigentlichen Fermentreaktionen das katalytische Geschehen im Organismus sich nicht erschöpft*, liegt vorahnend schon in Äußerungen von THÉNARD, BERZELIUS, LIEBIG und SCHÖNBEIN. Vor allem kann in der Vermutung von BERZELIUS, daß „in den lebenden Pflanzen und Tieren Tausende von katalytischen Prozessen zwischen den Geweben und Flüssigkeiten vor sich gehen“, ein Programm für künftige physiologische Forschung gesehen werden, wie es ähnlich — und sichtlich von BERZELIUS beeinflußt — der berühmte Physiolog CARL LUDWIG 1852 in dem Ausspruch verkündet hat: „Es dürfte leicht dahin kommen, daß die physiologische Chemie ein Teil der katalytischen würde.“ Schon bei LIEBIG kann man Andeutungen über Beziehungen von Fermenten zu „Hormonen“ finden: „Wir können gewisse Drüsen mit einem System von Hefezellen vergleichen, in welchen während ihres Aufbaues eigentümliche Verbindungen gebildet werden“ (1870). Eine *experimentelle* Erforschung auch der *nichtenzymatischen Biokatalyse* (Ionenkatalyse, Spurenkatalyse verschiedener Art, formative Katalyse usw.) mußte indes dem 20. Jahrhundert vorbehalten bleiben. So gelangt man ganz allgemein dazu, SCHÖNBEINS Programm für die Zukunft schrittweise zu erfüllen: „Mittel und Wege der Forschung zu finden, *mehr als die bisherigen geeignet, uns zum Verständnis der so feinen Vorgänge zu führen*, welche in der lebendigen Tier- und Pflanzenwelt stattfinden.“

Statt weiterer Ausführungen müssen wir uns hier mit einer Zeittafel begnügen, die die wichtigsten Daten der anfänglichen Fermentforschung und ihrer Beziehung zur katalytischen Forschung des 20. Jahrhunderts enthält.

Zeittafel II. Fermentkatalyse bis um 1900.

Um 1620: VAN HELMONT, „fermentatio“ als stoffliche Wirkung von qualitativer Verschiedenheit.

Um 1650: SYLVIUS, „Fermente“ des Speichels, des Pankreas, der Galle; Verdauung als „Gärung“.

1773: PARMENTIER, Studien über Pflanzenstoffe.

1775: THÉOPHILE DE BORDEU, Von jedem Organ werden besonders wirksame Substanzen in das Blut entsandt.

1780: SPALLANZINI u. RÉAUMUR, Magensaft kann Nahrungsstoffe auflösen.

1781: BRIEGLEB, Ausführliche Behandlung der Gärungschemie (Zymotechnie).

1785: IRVINE, Stärkezersetzung durch Malzauszüge beobachtet.

1786: SCHEELE, Fermentative Spaltung (Hydrolyse) des Tannins.

1787: FABRONI, „Fermentation" als Zersetzung einer Substanz durch eine andere.

1789: LAVOISIER, Gärungsarbeiten.

1798: Preisaufgabe der Pariser Akademie über Fermentierung.

1810: GAY-LUSSAC, Chemische Reaktionsgleichung der Vergärung von Zucker.

1810: PLANCHE, Agens aus Pflanzenwurzeln, das Guajactinktur zu bläuen vermag.

1814: G. S. KIRCHHOFF, Verzuckerung von Stärke mit Malzauszug näher untersucht.

1818: THÉNARD, Beziehungen vermutet zwischen der Tätigkeit des Platins usw. bei der Wasserstoffsuperoxyd-Zersetzung und animalischen und vegetabilischen Sekretionen.

1819: TH. DE SAUSSURE, Fermentative Spaltung als „accéleration" aufgefaßt.

1830: JOH. MÜLLER, Sekretion von Exkretion unterschieden.

1833: PAYEN u. PERSOZ, Malzferment abgetrennt und als „Diastase" bezeichnet.

1836: SCHWANN, Im Magensaft ist ein aktiver Stoff der Drüsenhaut wirksam: Pepsin.

1837: LIEBIG u. WÖHLER, Fermentative Spaltung des Amygdalins mit Emulsin.

1837: SCHWANN sowie CAGNIARD-LATOUR, Die Hefe aus Sproßpilzen bestehend.

1839: LIEBIG, „Mechanistische" Fermenttheorie: Übertragung eines Zersetzungszustandes von dem wirksamen Stoff auf einen anderen.

1854—1855: CL. BERNARD, „sécrétion externe" und „interne"; Einwirkung von Pankreassaft auf Nährstoffe.

1856: CL. BERNARD, Fettspaltende Fähigkeit des Pankreassaftes.

1857: CORVISART, Eiweißspaltendes Ferment im Darm (Trypsin KÜHNE 1867).

1857: PASTEUR, „Vitalistische" Gärungstheorie.

1858: PASTEUR, Auswählende Vergärung der Rechtskomponente des Ammoniumtartrates.

Um 1860: SCHÖNBEIN, M. TRAUBE, Biokatalytische Arbeiten, insbesondere über vitale Oxydation.

1862: DANILEWSKI, Trennung von Pankreastrypsin und -amylase durch Adsorption an Kollodium.

1872: A. SCHMIDT, Fermente bei Blutgerinnung.

1875: POPOFF, Bakterielle Zersetzung von Calciumformiat.

1878: A. KÜHNE, Name „Enzym" für das „ungeformte" Ferment.

1879: C. V. NAEGELI, „Theorie der Gärung, ein Beitrag zur Molekularphysiologie".

1885: Dubois, Luciferase.
1890: Green, Ricinuslipase.
1895: Stohmann, „Entstehung organischer Substanz" als katalytisch bedingt angesehen.
1897: E. Buchner, Nachweis eines „ungeformten" Fermentes in der Hefe.
1897: Bertrand, Vermutung dialysierbarer Hilfsstoffe (Coenzyme).
1898: Croft Hill, Enzymatische Synthese der Maltose.
1901: Vernon, Enterokinase im Dünndarm aktiviert Trypsin.
1901ff.: G. Bredig, „Anorganische Fermente".
1905: Th. Harden, Hexosediphosphorsäure als Zwischenverbindung im enzymatischen Kohlehydrat-Stoffwechsel.
1905: Perrin, Trägertheorie der Enzyme.

Es liegt im Wesen der ganzen Entwicklung begründet, daß die Biokatalyse sich deutlich von dem Erscheinungsgebiet abgezweigt hat, das man vordem summarisch der „Lebenskraft" zugeschrieben hatte. Nicht als ob damit die „Lebenskraft", die „Physis", endgültig entthront worden wäre: nur der *Einzelvorgang ist chemischer Behandlung zugänglich geworden;* die ganzheitliche Verknüpfung aber, die Einordnung in bestimmte komplexe Kausalismen und die ganzheitliche Zuordnung mit vielen anderen auf ein einheitliches Ziel von Sinn und Wert, kann nicht wiederum das Werk eines bestimmten chemischen Agens sein, sondern muß, zum mindesten fiktiv, „höheren Potenzen" zugeschrieben werden. So steht die „Lebenskraft" noch heute unerschüttert da im Sinne einer „Vorstellung von der erhaltungsgemäßen Organisation alles Lebenden" (A. Wohl 1928) oder eines gedachten allgemeinsten biologischen Planungs- und Ordnungsprinzips für die Vorgänge im belebten Körper [64].

14. Entwicklung der technischen Katalyse.

Nachdem schon mehrfach die Bemühungen gestreift worden sind, die im Laufe der Zeit an Zahl und Mannigfaltigkeit immer mehr zunehmenden katalytischen Beobachtungen auch in den Dienst des tätigen Lebens und des zivilisatorischen Fortschrittes zu stellen, können wir uns hier mit einer kurzen Zusammenfassung begnügen.

Sieht man von der Verwertung fermentativer Vorgänge beim Backen und Brauen, bei der Essigbereitung usw. ab, so erscheint als erste Verwendung der heterogenen Katalyse im 19. Jahrhundert die *Sicherheitslampe* von H. Davy mit ihrem Platindrahtstift;

und an sie schließen sich apparativ an DÖBEREINERS Platin-schwamm-Eudiometer, die „Duftlampe“ und sein „hydropneuma-tisches“ *Platin-Feuerzeug.* Auch hat DÖBEREINER eine kata-lytische Essigsäurebereitung in die Wege geleitet (1834), die in-des an der Konkurrenz der fermentativen Schnellessigfabrik von SCHÜTZENBACH rasch scheiterte. Im homogenen System waren schon weit vorausgegangen der Bleikammerprozeß und die Äther-bereitung (s. S. 5). Eine erste bewußte Anwendung neuer kata-lytischer Beobachtungen auf Naturstoffe liegt in erfolgreichen Be-mühungen vor, auch in größerem Maßstabe Zucker aus Weizen- und Kartoffelstärke durch Säurebehandlung herzustellen.

Hinsichtlich der weiteren Entwicklung muß eine tabellarische Übersicht genügen, die schon über das Ende des 19. Jahrhunderts hinausgreift[65]. Die ersten *großtechnischen Anwendungen der Kata-lyse* liegen vor im Deacon-Prozeß (hier schon mit bewundernswert gründlicher wissenschaftlicher und technischer Fundierung), in der Darstellung rauchender Schwefelsäure von CLEMENS WINKLER und in der Weiterentwicklung dieses „Kontaktprozesses“ der Schwefelsäure, vor allem durch RUDOLF KNIETSCH in der Badi-schen Anilin- und Soda-Fabrik. Für die praktische Durchführung und Vervollkommnung des katalytischen Verfahrens werden nun-mehr sämtliche Hilfsmittel angewendet, die eine aufstrebende physikalische Chemie sowie eine bereits hochentwickelte Technik und Apparatenkunde liefern konnten; so ist denn hier auch ein Musterbeispiel für weitere katalytische Fabrikationen der Groß-industrie geliefert worden.

Im ganzen kann man unterscheiden zwischen solchen tech-nischen Fabrikationen, die unmittelbar einer katalytischen Reak-tion ihr Dasein verdanken (Schwefelsäureprozeß, Ammoniaksyn-these usw.) und anderen — weit zahlreicheren — Fabrikationen, bei denen die Katalyse hilfsweise, zur Verbesserung und Verbilli-gung des Verfahrens, Anwendung findet. Letzteres gilt ins-besondere für die seit etwa 1870 aufstrebende *Industrie künst-licher Farbstoffe* (s. auch LIGHTFOOT S. 50), an die sich bald eine *Fabrikation organischer Arzneimittel* sowie auch künstlicher Riech-stoffe usw. angeschlossen hat. Hierzu kommen noch zahllose Katalysen in Färberei und Gerberei, Nahrungsmittel- und Gä-rungsindustrie, neuerdings auch in der Gewinnung künstlicher Faserstoffe, Kunststoffe, Motortreibstoffe, Buna-Kautschuk usw.

Die folgende Zusammenstellung enthält einige wichtigere typische katalytische Erfindungen, die teils unmittelbar, teils im Laufe weiterer Entwicklung für die chemische Industrie bedeutungsvoll geworden sind[66].

Zeittafel für präparative und technische Katalyse.

1831: PHILLIPS, Gewinnung von Schwefelsäure durch katalytische Oxydation von Schwefeldioxyd an platiniertem Bimsstein.

1838: KUHLMANN, Salpetersäure durch Oxydation von Ammoniak mit Luft an Platin.

1859: LIGHTFOOT, Anilinschwarz durch Oxydation von salzsaurem Anilin in Gegenwart von Kupferchlorid.

1860: A. W. v. HOFMANN, Antimonpentachlorid als Chlorüberträger.

1863: DEBUS, Katalytische Hydrierung von Blausäure durch Wasserstoff mit Platinschwarz.

1866: GRAHAM, Katalytische Reduktionen anorganischer Verbindungen mit wasserstoffbeladenem Platin.

1867: A. W. v. HOFMANN, Darstellung von Formaldehyd durch Oxydation von Methylalkohol in Gegenwart von Platin.

1867: DEACON u. HURTER, Verfahren zur Gewinnung von Chlor aus Chlorwasserstoff durch Oxydation mittels Kupfersulfat.

1868: SCHÜTZENBERGER, Synthese von Phosgen aus Kohlenoxyd und Chlor mit Hilfe von Platinschwamm.

1871: TESSIÉ DU MOTAY, Oxydation von Ammoniak mit Oxydkontakten.

1872: SAYTZEFF (KOLBE), Hydrierung organischer Verbindungen in Gegenwart von Palladiummohr.

1875: CLEMENS WINKLER, Schwefelsäure-Kontaktverfahren mit Platin entwickelt.

1877: FRIEDEL u. CRAFTS, Kohlenwasserstoff-Synthesen mit Hilfe von Aluminiumchlorid.

1882: TOLLENS u. LOEW (Fabrik Merklin), Katalytische Oxydation von Methylalkohol zu Formaldehyd.

1885: CHANCE u. CLAUS, Katalytische H_2S-Oxydation zu Schwefel.

1890: Badische Anilin- und Soda-Fabrik, R. KNIETSCH, SO_3-Kontaktprozeß mit Röstgasen mittels Platins durchgeführt.

1895: Badische Anilin- und Soda-Fabrik, EUGEN SAPPER, Katalytische Phthalsäuregewinnung aus Naphthalin und Schwefelsäure mittels Quecksilber.

Um 1895: Farbenfabriken F. Bayer, Elberfeld, R. E. SCHMIDT, Wichtige Katalysen mit Hg, B, Se usw., insbesondere auf dem Anthrachinongebiete.

1898: Verein Chem. Fabriken; HASENBACH u. CLEMM, Das Platin beim SO_3-Prozeß durch Eisenoxyd ersetzt.

Ab 1896: SABATIER, Systematische Verfolgung katalytischer Umwandlung organischer Verbindungen, insbesondere Hydrierungen mit Nickel.

1901: POLZENIUSZ, Zusatz von Chlorid bei der Stickstoffaufnahme von Calciumcarbid.

1902: W. NORMANN, Begründung der katalytischen Fetthärtung.

1903: W. OSTWALD, Salpetersäure-Herstellung durch katalytische Oxydation von NH_3 mit Platinkontakt.

1907: RASCHIG, Katalytische Herstellung von Hydrazin.

1908: HABER, Katalytische Hochdruck-Synthese des Ammoniaks begründet.

1908, 1909: WUNDERLICH, GRÜNSTEIN, Acetaldehyd durch Hydratation von Acetylen mittels Quecksilber.

1910—1914: Badische Anilin- und Soda-Fabrik, Aktivierte Kontaktmassen für die Ammoniak-Synthese (CARL BOSCH u. A. MITTASCH, nebst H. WOLF u. G. STERN); technische Durchführung der Hochdruck-Synthese durch BOSCH mit FRANZ LAPPE.

1913: Badische Anilin- und Soda-Fabrik, Katalytische Herstellung von Wasserstoff aus $CO + H_2O$ (BOSCH u. WILHELM WILD) — Katalytische CO-Reduktion unter Druck zu verschiedenen organischen Verbindungen (MITTASCH u. CHRISTIAN SCHNEIDER) — Katalytische Reduktion von Nitrobenzol zu Anilin (OTTO SCHMIDT).

1914: Badische Anilin- und Soda-Fabrik (BOSCH, MITTASCH u. CHRISTOPH BECK), Katalytische Ammoniakoxydation mit Eisenoxyd-Wismutoxyd.

1916, 1917: A. WOHL, H. D. GIBBS u. CONOVER, Gewinnung von Phthalsäure, Anthrachinon usw. durch partielle katalytische Oxydation von Kohlenwasserstoffen wie Naphthalin und Anthracen.

1917: Farbenfabriken vorm. F. Bayer (ENGELHARDT), Katalytische Oxydation von H_2S mittels aktiver Kohle in Gegenwart von NH_3.

1918: LAMB, CO-Oxydation bei gewöhnlicher Temperatur mittels „Hopcalit" (Cu-Mn-Oxyd bzw. Cu-Mn-Co-Ag-Oxyd).

1923: Badische Anilin- und Soda-Fabrik (MITTASCH, MATTHIAS PIER u. a.), Katalytische Methanol-Herstellung durchgeführt.

(Zur Ergänzung s. die Zusammenstellung von W. FRANKENBURGER in ULLMANN: Enzyklop. d. techn. Chem., 2. Aufl., Bd. 6, Artikel „Katalyse", S. 440—454.)

Anschließend sind als Errungenschaften wesentlich des letzten Jahrzehntes vor allem hervorzuheben das Niederdruckverfahren zur Gewinnung von Benzin usw. aus $CO + H_2$ (Wassergas, Krackgase, Kohlegase) nach FRANZ FISCHER und TROPSCH; sowie die Weiterentwicklung des Bergius-Verfahrens der Kohleverflüssigung zu einer katalytischen Hochdruckhydrierung von Kohle und Mineralölen durch die I. G. Farbenindustrie (CARL KRAUCH und MATTHIAS PIER).

D. Das Zeitalter quantitativer Katalyseforschung.

15. Begründung einer katalytischen Theorie auf reaktionskinetischer Grundlage; Epoche WILHELM OSTWALD.

a) Historische Vorbedingungen.

Einer oberflächlichen geschichtlichen Betrachtung der katalytischen Forschung des 19. Jahrhunderts kann es scheinen, als ob die Entwicklung stetig und folgerichtig und beinahe von selbst auf eine zuverlässige katalytische Theorie im Rahmen einer Gesamttheorie des Chemismus geführt hätte; war doch im Laufe der Jahrzehnte eine Menge Material beigeschafft worden, das für einen systematischen Aufbau dienen konnte. In qualitativer Beziehung sei nur nochmals kurz auf die Begriffsmomente „hervorrufen" und „beschleunigen" verwiesen, sowie auf „Zwischenreaktionen" und (für heterogene Reaktionen) „Adsorption".

Aber auch in quantitativer Hinsicht war für das Verständnis der Katalyse allerlei geschehen. Zwar der erste Versuch einer „chemischen Mechanik" in engem Anschluß an die Gravitationsmechanik von NEWTON, D'ALEMBERT, LAGRANGE, LAPLACE u. a. — als ob die Beziehungen der Atome genau dem Muster der Körpermechanik auf Grund von „Anziehung" und „Stoß" folgen würden — war gescheitert; eine chemische Statik und Dynamik rein mechanischer Art, wie sie in gewisser Weise LOMONOSSOW (um 1750), CL. L. BERTHOLLET und ähnlich noch LOTHAR MEYER und K. FR. MOHR (in gewisser Weise auch LIEBIG) versucht hatten, hatte sich als unzureichend und unfruchtbar erwiesen. Was nützt es auch, wenn man z. B. die katalytische Wirkung auf Übertragung von „Atomschwingungen" zurückführen will, ohne eine Möglichkeit zu haben für bestimmte Aussagen oder auch nur Mutmaßungen über die Art und die Lokalisierung solcher Schwingungen, die ja irgendwie spezifisch auswählend sein müßten?[67]

Große Fruchtbarkeit für die Chemie überhaupt, wie für das Teilgebiet der Katalyse hat indes *die kinetische Gastheorie* von CLAUSIUS und KRÖNIG erlangt, indem sie in ganz bestimmter Weise Begriffe der Mechanik auf die Atomistik anwendete und hierzu bald von *statistischer Methodik* Gebrauch machte. Ihre Weiterbildung knüpft sich vor allem an die Namen MAXWELL (Verteilungssatz), BOLTZMANN, J. STEFAN, LOSCHMIDT, VAN DER

WAALS u. a. Auf Lösungen mit ihrem dem Gasdruck analogen „osmotischen Druck" (PFEFFER 1877) wurde jene Theorie von VAN 'T HOFF übertragen (1885; s. Ostwalds Klassiker Nr 110).

Andererseits hatte die *energetische Wärmetheorie* (ROBERT MAYER 1842, JOULE, HELMHOLTZ) zu Resultaten geführt, die für das Gesamtgebiet der Chemie außerordentlich bedeutsam werden sollten. Die Namen SADI CARNOT (1824), CLAUSIUS und CLAPEYRON, WILLIAM THOMSON, A. HORSTMANN, WILLARD GIBBS, E. MACH, LE CHATELIER, VAN 'T HOFF, PLANCK, NERNST deuten den allgemeinen Weg an, den die Entwicklung der *Thermodynamik* mit ihren Hauptsätzen und ihre Anwendung auf das Verhalten von Stoffen bei chemischen Vorgängen genommen hat. Eine Verknüpfung mit der kinetischen Gastheorie hat BOLTZMANN vollzogen; eine Teilentwicklung stellt die „Energetik" von W. OSTWALD u. a. dar[68].

Für den Chemiker fließen Thermodynamik und Kinetik zusammen in dem *Massenwirkungsgesetz* mit seiner statischen und dynamischen Seite. Hatte BERTHOLLET (1801) unter „chemischer Masse" das Produkt aus Gewichtsmenge und „Verwandtschaftsstärke" verstanden, so trat später der scharf definierte Begriff einer das chemische Gleichgewicht bestimmenden *Konzentrationswirkung* in den Vordergrund: empirisch entwickelt von GULDBERG und WAAGE 1867, theoretisch begründet und vertieft von HORSTMANN, zu einer allgemeinen Gleichgewichtslehre und Phasentheorie weitergeführt von VAN 'T HOFF, GIBBS, LE CHATELIER, ROOZEBOOM, DUHEM u. a.

Hinsichtlich der *Katalyse* selber ist bemerkenswert, daß die vielerlei Vorstellungen, die man über das *Wesen der Katalyse* im Laufe der Jahrzehnte entwickelt hatte, großenteils wieder in Vergessenheit geraten waren. Namentlich durch den Einfluß der sich stürmisch ausbreitenden organischen Chemie war es geschehen, daß aus dem Blickkreis sogar weitschauender Chemiker am Ende des 19. Jahrhunderts fast alles entschwunden war, was mit „*Katalyse im allgemeinen*" zu tun hatte; selbst der Name „Katalyse" war — in Wissenschaft und Technik — weitgehend in Vergessenheit, ja teilweise sogar in Verruf geraten und „ominös" geworden (s. S. 78) und mußte erst gewissermaßen neu entdeckt werden. Konnte doch W. OSTWALD 1899 noch sagen, daß im Urteil der Fachwelt „jemand, der von katalytischen Vorgängen spricht und schreibt, dadurch ein bedauerliches Zeichen unwissenschaftlichen Sinnes zeigt[69]".

Es ist das unbestreitbare Verdienst WILHELM OSTWALDS, hierin Wandel geschafft zu haben, indem er, die katalytische Arbeit früherer Forscher, insbesondere das Werk von BERZELIUS fortsetzend, zur „Wiedererweckung" der Katalyse schritt und von neuem eine *Systematik der Katalyse* begründete, die aber dieses Mal durch eine leistungsfähige *reaktionskinetische Grundlage* gestützt werden konnte[70]. Jenes Verdienst wird auch dadurch nicht geschmälert, daß das im Schrifttum vorliegende katalytische Material tatsächlich weit reicher war, als es selbst der historisch wohlbewanderte „Reformator" OSTWALD wußte, und ferner auch nicht dadurch, daß neben ihm in mehr oder weniger unabhängiger Weise auch andere Forscher von physikalisch-chemischer Arbeitsrichtung an einer Erneuerung katalytischer Forschung tätig gewesen sind.

Bei aller Anerkennung der großen Förderung, welche die Lehre von der Katalyse durch W. OSTWALD erfahren hat, kann doch ein Merkmal des Unzureichenden nicht übersehen werden, das seinem so eifrigen und verdienstvollen Vorgehen anhaftet. Infolge seiner einseitig thermodynamisch-energetischen Einstellung, die der großen Bedeutung und Fruchtbarkeit der korrespondierenden atomistisch-kinetischen Doktrin nicht gerecht zu werden vermochte, sieht OSTWALD bewußt und planmäßig davon ab, seine Vorstellungen über das chemische und damit auch über das katalytische Geschehen durch eine atom- und molekularkinetische Grundlegung zu vertiefen. So mußte ein ausgesprochen *formalistisch-schematischer Zug* entstehen, der einer Begnügung mit summarischen Resultaten, wie Feststellung der Reaktionsordnung und Ermittlung von Konstanten für die Gesamtbeschleunigung, zuneigte.

Wenn hieraus keine wesentliche Beeinträchtigung und Verzögerung der Weiterentwicklung der Theorie hervorgegangen ist, so ist das dem gleichzeitigen katalytischen Wirken anderer Physikochemiker wie VAN 'T HOFF, WEGSCHEIDER, H. GOLDSCHMIDT, NERNST u. a., einschließlich OSTWALD-Schüler wie BREDIG, BODENSTEIN, LUTHER zuzuschreiben, die OSTWALDS Ablehnung der Atomistik nicht teilten. In dem geistigen Duell zwischen BOLTZMANN und OSTWALD — anschaulicher Atomismus gegen formale Energetik — hat in der Hauptsache der erstere den Sieg davongetragen; *die weitere reiche Entwicklung hat sich auf dem Boden der kinetischen Gastheorie mit ihrer statistischen Grundlegung vollzogen*, wie denn OSTWALD selber gegen Ende seiner chemischen Laufbahn zum Friedensschluß mit der Atomistik gelangt ist (s. letzte Auflage des Grundr. d. allgem. Chemie, sowie „Philosophie der Werte" 1913, S. 95); und eine gerade Linie hat von hier zu der Aufnahme der neuen Atomphysik und Quantentheorie in das Gebäude der chemischen und katalytischen Reaktionskinetik geführt.

b) Katalytische Forscher neben OSTWALD.

In erster Linie sind hier zu nennen:

JACOBUS HENRICUS VAN 'T HOFF (1852—1911). Er hat eine *systematische Reaktionskinetik* auf Thermodynamik und Gaskinetik aufgebaut und wichtige Gesetze des Reaktionsverlaufes experimentell und theoretisch abgeleitet: Reaktionsisochore; Reaktionsordnung; mono-, bimolekulare Reaktionen usw.; Hinweis auf „Störungen" (die später mehrfach durch Kettenreaktionen erklärt werden konnten); weiterhin auch Temperaturregel der Reaktionsgeschwindigkeit (R.G.T.-Regel, in der 2. deutschen Auflage der „Etudes") usw. Katalyse findet nach VAN 'T HOFF statt, „indem bestimmte Körper eine Reaktion beschleunigen resp. einleiten, scheinbar ohne dabei sich zu verändern".

SVANTE ARRHENIUS (1859—1927) mit seiner elektrolytischen Dissoziationstheorie, 1884—89 (Ostwalds Klassiker Nr 160), im Anschluß an CLAUSIUS und HITTORF; hierzu kam weiterhin die Aufstellung neuer kinetischer Begriffe wie „aktive und inaktive Molekeln" (1889).

Eine gewisse Bedeutung kommt ferner den Versuchen von VICTOR MEYER (1848—97) zu über die „Wandwirkung" (und ihre Temperaturgrenzen) bei der allmählichen Vereinigung von Knallgas (mit ASKENASY, um 1890). Zwar waren die erhaltenen Resultate sehr wechselnd und unübersichtlich, so daß gegenüber LEMOINE u. a. kein wesentlicher Fortschritt festzustellen ist, doch hat hier vor allem MAX BODENSTEIN als Schüler von V. MEYER die ersten Anregungen für sein bedeutsames Werk erhalten (S. 102).

In ganz anderer Weise ist das Werk LUDWIG BOLTZMANNS mit seinen molekularphysikalischen und gaskinetischen Arbeiten für die ganze weitere Zukunft hochwichtig geworden, desgleichen das von WILLARD GIBBS.

Speziell für die organische Chemie muß hier noch genannt werden PAUL SABATIER in Toulouse (geboren 1854), der erfolgreiche *Erneuerer der präparativen organischen Katalyse*, insbesondere hinsichtlich der *katalytischen Hydrierung und Dehydrierung* (ab 1896) sowie *Dehydratation* (mit MAILHE) ab 1898. SABATIER vertritt theoretisch die Zwischenreaktionstheorie für Hydrierung und Dehydrierung, insbesondere unter Annahme von Oberflächenverbindungen, etwa NiH und NiH_2, zwischen denen der Katalysator hin und her pendele. In einem Medium von H_2 überträgt so der Katalysator den von ihm aufgenommenen Wasserstoff auf empfängliche Substanzen, „und das Spiel wiederholt sich ohne Ende". „Je weiter ich vordringe, desto mehr wächst meine Überzeugung, daß der Katalysator sich vorübergehend mit einem der gasförmigen Elemente des Systems verbindet, und ich weiß keine andere mögliche Erklärung des so scharf ausgesprochenen spezifischen Charakters von Katalysatoren ähnlicher physikalischer Beschaffenheit" (1913)[71]. SABATIER lieferte auch eine genauere Untersuchung eines Falles der Reaktionslenkung: Ameisensäure wird mit bestimmten Katalysatoren wie ZnO bei 250° in $CO_2 + H_2$ zersetzt; mit anderen, z. B. TiO_2, zerfällt sie in $CO + H_2O$.

An anderer Stelle hat ähnlich W. N. IPATIEW (geb. 1867) für die organische Katalyse gewirkt; Dehydratation, isomere und metamere Umwandlungen, Kondensationen, Zersetzungen usw. Dabei steht Aluminiumoxyd als Katalysator im Vordergrund; auch das Verhalten bei höheren Drucken wird (ab 1912) bis über 500° untersucht (pyrogene Spaltungen von Ketonen, Reduktionen, z. B. Hydrierung von Campher usw.) unter Beachtung des Wandeinflusses (Fe) und „konjugierter Katalyse" $(Ni + Al_2O_3)$ sowie der Katalysatorstruktur.

In bezug auf weitere katalytische Forscher um die Jahrhundertwende s. S. 107.

c) WILHELM OSTWALDs katalytisches Werk.

AUGUST HORSTMANN, den wir als Repräsentanten für Abschluß und Vollendung des älteren katalytischen Zeitraumes angeführt haben, erscheint andererseits auch als Anbahner und Wegbereiter der neuen Epoche, deren Beginn mit den Anfängen einer neuen

„physikalischen Chemie" zusammenfällt. HORSTMANN selber hat an einer Teilentwicklung, der Ausbildung der Gleichgewichtslehre, tätig Anteil genommen, und das Jahr 1885, da er seinen zusammenfassenden Bericht über „Katalyse" gab, greift schon ein wenig über den Zeitpunkt hinaus, da W. OSTWALD seine ersten reaktionskinetischen Messungen (über die katalytische Verseifung des Methylacetats, 1883) veröffentlichte und da VAN 'T HOFF die Grundgesetze der Reaktionskinetik entwickelte (1884).

Eine „*physikalische*" *Chemie* hatte es zwar schon seit langem gegeben: Männer wie DÖBEREINER, THÉNARD, BERZELIUS, H. KOPP, K. FR. MOHR, LOTHAR MEYER, SCHÖNBEIN, HORSTMANN pflegten durchaus die Verbindung mit der Physik, und auch der Name selber war öfters gebraucht worden, erstmalig von LOMONOSSOW um 1750 (später auch von DÖBEREINER, SCHÖNBEIN u. a.). Erst durch das Übergewicht der organischen Chemie in der 2. Hälfte des Jahrhunderts und durch das Unvermögen der damaligen Physik, jene Entwicklung theoretisch zu fundieren, hatten sich die Beziehungen zwischen Physik und Chemie gelockert. Jetzt tritt zur „Stöchiometrie" eine systematische „Verwandtschaftslehre" und zunehmend auch eine „Reaktionskinetik", gegründet auf das Massenwirkungsgesetz und die kinetische Gastheorie sowie die neue elektrolytische Dissoziationslehre. Die physikalische Chemie: „früher Kolonialstaat, jetzt großes freies Land" (VAN 'T HOFF).

Was bei HORSTMANN in bezug auf die Theorie der Katalyse noch Einleitung und Anfang ist, wird bei W. OSTWALD in mancherlei Hinsicht zur Erfüllung[72]. Zugleich setzt er das *katalytische Werk von* BERZELIUS, MERCER *und* PLAYFAIR insofern fort, als er der Katalyse einen endgültigen Platz in dem Gesamtbau der Chemie zuweist. Hatten jene Forscher ganz allgemein und noch recht unbestimmt die Katalyse der „chemischen Affinität" untergeordnet, so *weist* OSTWALD *die Beziehungen auf, welche statisch wie dynamisch katalytisches und nichtkatalytisches Geschehen verknüpfen.* Diese Leistung vollbringt er teilweise in Anlehnung an experimentelle Arbeiten früherer Forscher, vor allem aber durch *eine Reihe neuer reaktionskinetischer Arbeiten,* die teils von ihm selber ausgeführt, teils von ihm veranlaßt wurden.

Dabei ist bemerkenswert, daß OSTWALDS katalytische Bemühungen zunächst fast ausschließlich der *homogenen Katalyse* gelten, und daß erst später die *heterogene* Katalyse (insbesondere dank den Arbeiten von MAX BODENSTEIN) sowie die *mikroheterogene* Katalyse (vor allem durch GEORG BREDIG) hinzutreten. Äußerlich kann man *zwei Stadien der katalytischen Betätigung* von W. OSTWALD unterscheiden, die jedoch beide durchaus der konsequenten Durchführung eines Hauptgedankens gewidmet sind.

I. Vorbereitende reaktionskinetische Arbeiten und Definition der Katalyse sowie der Autokatalyse, von 1882 ab in Riga, ab 1887 in Leipzig. Hier steht die Säuren- und Basenkatalyse als *Ionenkatalyse* im Vordergrund.

II. Systematische Förderung des Gesamtgebietes der Katalyse, etwa von 1897 ab. Der Beginn dieser zweiten ausbauenden Epoche, der sich an Zwischenjahre vorwiegend elektrochemischer Betätigung anschließt (Verdünnungsgesetz, Leitfähigkeiten usw.; Lehrbuch: Die Elektrochemie, ihre Geschichte und Lehre, 1894—96), fällt zeitlich mit der Übersiedlung OSTWALDS von dem alten in das neugegründete Physikalisch-Chemische Institut in Leipzig zusammen; die Epoche selber aber ist gekennzeichnet durch eine außerordentlich fruchtbare Gemeinschaftsarbeit in jenem Institut, für deren Ersprießlichkeit die Namen BODENSTEIN, LUTHER, BREDIG als Repräsentanten stehen mögen. Wir schließen unsere weiteren Erörterungen an die Unterscheidung dieser zwei Perioden an, ohne aber im einzelnen (z. B. hinsichtlich der Definition der Katalyse) diese Scheidung streng durchführen zu können.

I. Periode. Die eigene schöpferische Tätigkeit OSTWALDS auf katalytischem Gebiet ist von *zwei Quellen* gespeist. Erstens war er schon beim Studium in Dorpat durch seine Lehrer A. SCHMIDT, LEMBERG, A. v. OETTINGEN u. a. in die neuen *Lehren über Affinität und Massenwirkung* eingeführt worden. Im Verlauf entsprechender eigener Arbeiten über die Affinitätsstärke verschiedener Säuren in Konkurrenz um eine Base, oder auch zweier Basen gegenüber einer Säure (Verteilungsverhältnis unter verschiedenen Bedingungen der Konzentration und Temperatur) hatte OSTWALD statt der üblichen Stützung auf Wärmemessungen nach JULIUS THOMSEN — für welche die experimentellen Mittel des Instituts nicht ausreichten — aus eigenem Entschluß andere physikalische Eigenschaften zur Bestimmung der „Verwandtschaftsgrößen" gewählt, die gleichfalls mit der Affinität (in diesem Falle auch „Avidität" genannt) variieren.

Dabei wurde die von jeher so rätselhafte „Affinität" unter einen zweifachen Gesichtspunkt gestellt, dem jeweils verschiedene Arten von Meßmethoden entsprachen: *statisch* durch Gleichgewichtsmessungen, *kinetisch* durch Geschwindigkeitsmessungen. Für die *Statik* wurden den physikalisch-analytischen Meßmethoden die Eigenschaften der Dichte sowie der Lichtbrechung von Lösungen zugrunde gelegt (an 12 Säuren gemessen). Hierzu aber gesellten sich ab 1882 *dynamische Meßmethoden* mit der grundlegenden Frage nach den verschiedenen *Reaktionsgeschwindigkeiten*, die verschiedene Säuren und Basen in äquivalenten Mengen und unter vergleichbaren Bedingungen gegenüber bestimmten Substraten zeigen. Zur Untersuchung eigneten sich natürlich nicht Beispiele einfacher Salzbildung in Lösung aus Säure und Base, da diese erfahrungsgemäß „*momentan*" erfolgen, wohl aber Fälle der Einwirkung von Säuren und Basen auf Ester, Amide und andere organische Verbindungen. So war *der Übergang zu ausgedehnten reaktionskinetischen Arbeiten katalytischer Art in homogener Flüssigkeitsphase gegeben*, zugleich historisch auch der Anschluß an frühere Arbeiten von WILHELMY u. a. vollzogen, die großenteils von OSTWALD erst nachträglich wiederentdeckt wurden.

Als durchaus neues und erhellendes Moment kam bald die aufschlußreiche *elektrolytische Dissoziationstheorie von* ARRHENIUS (1887) zu Hilfe, die, von OSTWALD freudig begrüßt, den Schlüssel zur „Erklärung", d. h. zu begrifflich widerspruchsfreier Einordnung und Zuordnung der bisherigen Resultate, sowie die geeignete arbeitshypothetische Grundlage für weitere Forschungen gab, deren Resultate heute dem chemischen Allgemeinbewußtsein einverleibt sind und auf die wir hier nicht genauer eingehen können. Als *Einzelstufen dieser Frühentwicklung* dienen folgende Daten, die sich auf seine „Studien zur chemischen Dynamik" beziehen:

1882, I. „Stärke" verschiedener Säuren, an der Einwirkungsgeschwindigkeit auf Acetamid gemessen.

1883, II. Hydrolyse des Methylacetats unter dem Einfluß organischer Säuren und Basen, reaktionskinetisch verfolgt, behufs Gewinnung von Affinitätskonstanten. Der Vorgang wird unmittelbar als ein „katalytischer" bezeichnet.

1884, III. IV. Inversionsgeschwindigkeit des Rohrzuckers in Gegenwart verschiedener Säuren (34 an der Zahl). Auch hier war bei gleich starkem Verdünnungszustande die Reihenfolge der

Säuren in bezug auf ihre „Stärke" die gleiche (z. B. HCl und HNO$_3$ praktisch gleich und stärker als $^1/_2$ H$_2$SO$_4$). *Es besteht Proportionalität zwischen der von einer Säure veranlaßten Reaktionsgeschwindigkeit und ihrer elektrischen Leitfähigkeit* (eine Anschauung, die später stark modifiziert werden mußte). „Affinitätsgrößen" sind Naturkonstanten.

1885, V. Affinitätsgrößen der Basen, gemessen an der Verseifung von Essigester.

1888, VI. Anwendung der gewonnenen Gesichtspunkte auf Oxydations- und Reduktionsvorgänge, z. B. die Reaktion HJ + HBrO$_3$ (im Anschluß an SCHÖNBEIN, sowie LÖWENTHAL und LENSSEN). Auch hier wurde bestätigt, daß derartige Vorgänge „durch die Gegenwart freier Säuren proportional deren Affinitäts-Koeffizienten beschleunigt werden"; zugleich kann im Falle HJ + HBrO$_3$ durch die Anwesenheit bestimmter Fremdsalze die Wirkung noch weiter erhöht (Fe-, Cu-, Vd-Verbindungen) oder auch abgeschwächt und verzögert werden (Cd-Salze). Solche Tatsachen „werfen neues Licht auf das Wesen der katalytischen Vorgänge, ja der chemischen Vorgänge überhaupt".

Inzwischen hatte SVANTE ARRHENIUS in Stockholm 1884 die *Lehre von den freien Ionen* verkündet, welche einerseits die Elektrizität leiten, andererseits selbständig chemische Reaktionen einzugehen vermögen. „Eine Säure ist um so stärker, je größer ihr Aktivitätskoeffizient (das molekulare elektrische Leitvermögen) ist." Die neue Lehre sofort für „elektrochemische Studien" aufgreifend, konnte OSTWALD die *Proportionalität von „Affinitätseigenschaften" der Säuren (also der chemischen und katalytischen Reaktionsfähigkeit) und ihrer elektrischen Leitfähigkeit* für zahlreiche Säuren bestätigen; und in Verfolgung dieser Linie, mit Berücksichtigung der weiteren Arbeit von ARRHENIUS (1887), hat sich das „OSTWALDsche Verdünnungsgesetz" (1888) nebst sonstigen bedeutsamen Beiträgen zur Elektrochemie wäßriger Lösungen ergeben, die hier nicht verfolgt werden können, deren Gesamtertrag für die Katalyse sich indes in dem (späterhin in verschiedenen Zügen modifizierten) Satze zusammenfassen läßt: *Nicht nur für einfach chemische, sondern auch für katalytische Vorgänge in wäßrigen Lösungen ist einerseits hinsichtlich der zu erreichenden Lösungsgleichgewichte, andererseits hinsichtlich der dahin strebenden Reaktionsgeschwindigkeiten die Ionenkonzentration der in Betracht kommenden Stoffe primär maßgebend.* So war das Massenwirkungsgesetz statisch wie *dynamisch* auf die neue elektrolytische Dissoziationstheorie in quantitativer Messung und Berechnung angewendet worden[73]. —

Eine *zweite Quelle* für die Speisung von Ostwalds Tätigkeit auf dem Gebiet der Katalyse kam aus tieferen Regionen, aus der Beschaffenheit seiner eigensten wissenschaftlichen Persönlichkeit. Sie läßt sich kurz dahin bestimmen, daß *von Anfang an der zeitliche Verlauf von Vorgängen beliebiger Art seine Aufmerksamkeit in hohem Grade fesselte.* Das zeigt sich — hier noch in gewisser Verbindung mit dem ersten Moment — schon in dem selbstgewählten Thema seiner Doktordissertation in Dorpat über die hydrolytische Spaltung von Wismutchlorid, die Ostwald von vornherein auch hinsichtlich der *Geschwindigkeit* der Gleichgewichtseinstellung zu erfassen bestrebt war; das offenbart sich weiter in den vorurteilslosen Versuchen aus ungefähr der gleichen Zeit, die Geschwindigkeit einer freiwilligen Vereinigung von O_2 und H_2 dadurch festzustellen, daß man die Gase in Glasröhren füllte, die sodann sich selbst überlassen wurden[74].

Das ursprüngliche und gewissermaßen „angeborene" *Interesse an dem Zeitfaktor bei beliebigen Vorgängen* offenbart sich vor allem darin, daß Ostwald schon sehr bald den *Begriff der „Reaktionsbeschleunigung"* aufgriff und daß er diesen in unmittelbare Beziehung zur Katalyse brachte. Diese Entwicklung beginnt bei Ostwald schon in den achtziger Jahren, verstärkt sich dann immer mehr, hält auch durch die Jahre vorwiegend elektrochemischer Beschäftigung an und wird schließlich ab 1897 etwa ein Jahrzehnt lang als „Leitstern" bestimmend für sein gesamtes chemisches Tun.

(Erscheint der Begriff der „Reaktionsbeschleunigung" äußerlich der „Beschleunigung" der Mechanik als Änderung der Streckengeschwindigkeit analog gebildet, so handelt es sich sachlich doch um etwas durchaus anderes, nämlich um eine Änderung der *Umsetzungsergiebigkeit in der Zeit.* Hat ja auch Ostwald, seiner antimechanistischen Einstellung gemäß, der Auffassung chemischer Vorgänge als letzthin „mechanischer" immer wieder nachdrücklich widersprochen.)

Bereits 1883, bei dem Studium der *Hydrolyse des Methylacetats,* taucht — ähnlich wie 60 Jahre zuvor bei Döbereiner — die Überzeugung auf, daß es sich um Vorgänge handele, die „in Wasser allein außerordentlich langsam verlaufen", in Gegenwart von Säuren und Basen aber mit einer Geschwindigkeit, die von Temperatur, Verdünnung und Natur des „prädisponierenden Stoffes" abhängig sei. Weiter 1887: „Die Menge der hinzugesetzten Säure erleidet dabei keine Veränderung; wir haben es mit einer wohlcharakterisierten Kontaktwirkung zu tun." Als im Jahre 1891 OSTWALD beim Studium der Umwandlung von Maleinsäure in Fumarsäure in heißer wäßriger Lösung findet, daß diese Umwandlung durch die mit der Reaktion verbundene fortschreitende Vermehrung der H-Ion-Konzentration zunehmend beschleunigt wird, prägt er den Begriff der „*Autokatalyse*" als eines Vorganges, bei welchem der entstandene Stoff seine eigene Vermehrung katalysiert, oder als derjenigen Erscheinung, daß eine Reaktion „selber ihren Beschleuniger erzeugt".

Zugleich werden *katalytische* Vorgänge allgemein dahin charakterisiert, daß sie „durch die Gegenwart bestimmter Stoffe ohne nachweisbare Beteiligung derselben an Verbindungen hervorgerufen oder beschleunigt werden". Herrscht hier noch eine *duale Kennzeichnung* im Sinne früherer katalytischer Forscher (s. S. 35), so wird sehr bald das Moment der „Hervorrufung" mit Bedacht und Absicht über Bord geworfen und die Katalyse fortan konsequent nur noch als eine „*Beschleunigung*" *an sich schon freiwillig, wenngleich unter Umständen mit unmeßbar geringer Geschwindigkeit stattfindender Vorgänge* definiert[75]. Dahin gehören folgende Formulierungen: „Ein katalytischer Vorgang ist dadurch gekennzeichnet, daß eine für sich in einer bestimmten Zeit verlaufende chemische Reaktion durch die Gegenwart eines fremden Stoffes, der am Ende der Reaktion in demselben Zustande ist wie am Anfang, eine Änderung seines zeitlichen Verlaufes erfährt" (1894, in „Chemische Theorie der Willensfreiheit"). Oder: „*Katalyse ist die Beschleunigung eines langsam verlaufenden chemischen Vorganges durch die Gegenwart eines fremden Stoffes*" (1894, als „Reaktion" auf eine Formulierung von STOHMANN, s. S. 61; wiederholt 1899). Es handelt sich um die „Beschleunigung langsam verlaufender Reaktionen", also immer „nur um eine Änderung des Zeitmaßes der Vorgänge, nicht um eine Ermöglichung von Reaktionen, die sonst unmöglich wären" (1896), oder um „Beschleunigungen bzw. Verzögerungen vorhandener Vorgänge"

(1898). „Ein Katalysator ist ein jeder Stoff, der, ohne im Endprodukt einer Reaktion zu erscheinen, ihre Geschwindigkeit verändert" (1901). „Katalyse ist die Änderung der Reaktionsgeschwindigkeit eines freiwillig verlaufenden chemischen Vorganges unter dem Einfluß von Stoffen, die in der stöchiometrischen Bruttogleichung des Gesamtvorganges nicht vorkommen bzw. sich aus jener herausheben lassen" (1901). Dabei ist der Grad der „Beschleunigung" in erster Annäherung der Menge bzw. Konzentration des Katalysators, z. B. seiner „Ionenkonzentration", proportional.

Bei OSTWALDS „hypothesenfeindlicher" Einstellung konnte es ihm freilich nicht verborgen bleiben, daß in der Annahme des Stattfindens von Reaktionen wie der Knallgasvereinigung ohne Katalysator schon bei gewöhnlicher Temperatur oder einer nichtkatalytischen Zuckervergärung eine begriffliche „Gewaltsamkeit" und Willkür liege; diesbezüglichen Einwendungen begegnete er indes mit dem aus theoretischen Gründen geschöpften „*Postulat*", daß „alle aus bestimmten Stoffen mögliche Produkte auch wirklich entstehen, wenn auch in sehr verschiedenen Verhältnissen und mit entsprechend verschiedenen Geschwindigkeiten". „So wird eine zahlenmäßige Definition durch den Betrag der Beschleunigung möglich" (1899). Dies gilt nach OSTWALDS späteren Äußerungen (1908) auch für den Fall, daß verschiedene Katalysatoren aus dem gleichen Anfangssystem ver schiedene Produkte rezeugen; es werden dann aus den von vornherein konkurrierenden Geschwindigkeiten bestimmte Wege bevorzugt beschritten, d. h. bestimmte Reaktionen von den „im Keime" vorhandenen bevorzugt oder selektiv beschleunigt. Als Beispiel für derartige Reaktionslenkung wird angeführt (nach SLATER 1903), daß Benzol und Chlor in Gegenwart von Jod als Katalysator Benzolhexachlorid liefert, mit Zinnchlorid dagegen Chlorbenzol: Substitution gegen Addition („Werdegang einer Wissenschaft", 1908)[76].

Ein besonderer, und zwar mit zunehmender Einsicht in die Dynamik des Massenwirkungsgesetzes (in seiner allgemeinen wie in seiner besonderen elektrolytischen Form) immer mehr wachsender Anreiz zur reaktionskinetischen Betätigung mußte sich für OSTWALD daraus ergeben, daß in der Frage chemischer Reaktionsgeschwindigkeit *weitgehende theoretische Unbestimmtheit* zutage trat, hinweisend auf neue und vorerst unwegsame Arbeitsgebiete

von „Urwald-Gepräge", wie er sie zeitlebens besonders gern in
Angriff genommen hat.

In der Mechanik war seit langem bekannt, daß die „*Triebkraft*" des Geschehens, wie sie sich in Erteilung von Bewegungs-
geschwindigkeiten an Massen ausspricht, bestimmten Gesetzen
folgt, und daß hierbei eine empirisch ermittelte Naturkonstante,
die Gravitationskonstante, für irdische wie astronomische Verhältnisse eine ausgezeichnete Rolle spielt. Auf dem Gebiete der
Chemie aber hatten sich alle Versuche einer analogen „Gravitationsmechanik" der Atome, mit einfacher Attraktion und Repulsion, als undurchführbar erwiesen; sie waren gescheitert an der
sprunghaft veränderlichen *Qualität*, die dem Stoff in chemischer
Beziehung anhaftet, und die es mit sich bringt, daß jede chemische
Reaktion ihre besondere, und zwar dazu mit den Umständen
wechselnde Bereitwilligkeit und „Geschwindigkeit" (Zersetzungs-,
Bildungs- und Umsetzungsgeschwindigkeit) aufweist. Die Betrachtung chemischer Vorgänge als im Grunde „*elektrischer*" *Vorgänge* von polarer Art (BERZELIUS u. a.) hatte bei der Unbestimmtheit der unvermeidlich primitiven Formulierung keine besondere
Fruchtbarkeit erlangen können, ja in der organischen Chemie zu
Widersprüchen geführt. Rein *thermische Betrachtung* wiederum in
der Art, daß die jeweils entwickelte „Reaktionswärme" ein Maß
für die chemische „Triebkraft" und den „Affinitätsgrad" sein
sollte, hatte gleichfalls versagt.

Erst auf *thermodynamischer Basis* (s. S. 64) hatte sich eine zuverlässige *Affinitätstheorie* entwickeln lassen; nicht die latente
Gesamtenergie — wie JULIUS THOMSEN und MARCELLIN BERTHE-
LOT angenommen hatten —, sondern die für Arbeitsleistung ver-
fügbare „*freie Energie*" (HELMHOLTZ) hatte sich als für die chemische „Triebkraft" maßgebend erwiesen. Diese „freie Energie"
bzw. das chemische „*Potential*" (WILLARD GIBBS) ist primär bestimmend: in Elektrolytlösungen demgemäß die elektromotorische
Kraft als „Potentialdifferenz" (VAN 'T HOFF, 1886; Ostwalds
Klassiker Nr 110, S. 74). Für sie wiederum ist nach NERNST
(1888) die Ionenkonzentration der betreffenden Stoffe verant-
wortlich.

Bei allem Fortschritt war indes eine Tatsache unverändert
stehengeblieben, ja immer schärfer hervorgetreten. Zwar läßt
sich über *das chemische Gleichgewicht und seine Beziehungen zur*

Reaktionsgeschwindigkeit auf Grund der Theorie so manches voraussagen (dynamisches Gleichgewicht als Zustand der sich gegenseitig „aufhebenden" Strebungen von Reaktion und Gegenreaktion; auch „Temperaturabhängigkeiten" u. a. m.); die Reaktionsgeschwindigkeit selber aber, genauer die nach bewährten Gesetzen (VAN 'T HOFF u. a.) empirisch zu ermittelnde *Geschwindigkeitskonstante ist vorerst für jede chemische Reaktion und dementsprechend auch für jede katalytische Reaktion in jedem bestimmten Falle eine isoliert dastehende Größe*, die hingenommen werden muß, ohne daß eine theoretische Ableitung möglich wäre. „Eine energetische Vorausbestimmung des Geschwindigkeitskoeffizienten einer Reaktion ist nicht möglich, so daß in dieser Beziehung eine Freiheit besteht, über die durch Katalyse verfügt werden kann" (1899 bei Gelegenheit einer Besprechung von DUCLAUX, „Microbiologie"). Die Geschwindigkeit chemischer Vorgänge ist „energetisch unbestimmt" (in „Lebenslinien"). Es ist nach OSTWALD irreführend, die Katalyse als Wirkung einer besonderen „Kraft" anzusehen, die etwas hervorbrächte, das sich sonst nicht ereignen würde; noch weniger darf man eine „Arbeitsleistung" des katalysierenden Stoffes annehmen. *Der Begriff der chemischen Energie enthält nicht den Zeitfaktor;* die Reaktionsgeschwindigkeit ist von Bedingungen abhängig, die außerhalb der zwei Hauptsätze der Energetik liegen. Nur elementare Begriffe auf dem Gebiet *mechanischer* Energie enthalten die Zeitgröße, chemische Gebilde aber sind vorerst zeitlich frei, d. h. sie „können ohne Verletzung der Energiegesetze in beliebiger Zeit erfolgen" (1894 bei Kritik von F. STOHMANN und Aufstellung der eigenen Katalyse-Definition). Demgemäß auch: „Katalytische Stoffe sind solche, welche die Geschwindigkeit einer bestimmten chemischen Reaktion ändern, ohne ihren Energiebetrag zu ändern" (1901)[77].

Das ist eine Sachlage, die gerade für die Geistesrichtung eines WILHELM OSTWALD besonders anregend sein mußte, und die darum eine intensive weitere Tätigkeit mit einer großen Zahl von Mitarbeitern veranlaßt hat.

II. Periode. In W. OSTWALDS *zweiter, nicht weniger ertragreichen Periode* katalytischer Tätigkeit (ungefähr von 1897 ab) gelangen alle Keime zur Entfaltung und alle Knospen zur Blüte, die sich in den vorhergehenden Jahren vorentwickelt hatten, und zwar in so vielfältiger und umfassender Weise, daß hier, wo wir den Anschluß an die Forschung unseres Jahrhunderts und damit auch der Gegenwart gewonnen haben, nur noch stichwortartig *einige Züge der weiteren Fortschritte* angedeutet werden können. Dabei ist es sehr bald nicht mehr nur die „Ostwald-Schule", die sich physikalisch-chemisch mit der wiedererstandenen Katalyse beschäftigt; auch anderwärts, mehr oder weniger unter dem Einfluß von OSTWALD stehend, oder auch völlig unabhängig von ihm, regen sich Bestrebungen, die in ihrer letzten Auswirkung nahe an den gegenwärtigen Stand der katalytischen Forschung geführt haben.

1. Reaktionskinetische Zergliederung zahlreicher Reaktionen unter Ermittlung von „Geschwindigkeitskonstanten". In bezug auf den Temperaturkoeffizienten solcher Geschwindigkeitskonstanten, und zwar auch im Falle der Beteiligung der Katalyse wurde die R.G.T.-Regel von VAN 'T HOFF bestätigt, wonach eine Temperaturerhöhung von $10°$ eine Steigerung des Koeffizienten auf etwa das 1,5- bis 3fache (im Mittel ungefähr auf das Doppelte) mit sich bringt.

Absolute Reaktionsgeschwindigkeiten (Geschwindigkeitskonstanten) vermag diese an OSTWALD anschließende reaktionskinetische Theorie nicht „abzuleiten", vielmehr handelt es sich immer nur um Feststellung von *Abhängigkeiten* solcher Geschwindigkeiten von verschiedenen Variablen wie Konzentration und Druck, Temperatur, gegebenenfalls auch in Gegenwart energetischer Agenzien wie Feldwirkung und Strahlung. Einer späteren Entwicklung, im Anschluß an Atomphysik und Quantentheorie, blieb es vorbehalten, auch in die Frage der Zeitverhältnisse, d. h. der „Eile" chemischer Reaktionen theoretisch einzudringen (s. S. 113). Dabei haben sich mancherlei Erweiterungen und Verfeinerungen von OSTWALDs katalytischer Theorie ergeben, auf die hier nicht eingegangen werden kann.

2. Reaktion und Gegenreaktion. Aus dem Wesensmerkmal der Katalyse, daß sie eine *Beschleunigung* an sich schon freiwillig verlaufender bzw. thermodynamisch möglicher Reaktionen darstellt, folgt nach OSTWALD und nach VAN 'T HOFF, daß bei umkehrbaren Reaktionen ein Katalysator grundsätzlich Reaktion *und* Gegenreaktion zu beschleunigen vermag — ja dies tun muß —, und zwar in einem solchen Verhältnis der Geschwindigkeitskoeffizienten, daß eben das unter den Arbeitsbedingungen mögliche (stabile oder metastabile) Gleichgewicht erstrebt und erreicht

7*

wird. Damit ist auch gegeben, daß im Falle von Verschiebung von Gleichgewichtslagen mit der Temperatur Reaktion und Gegenreaktion für eine bestimmte Reaktionsgleichung nicht denselben Temperaturkoeffizienten haben können.

Hiernach müssen also *katalytische Gleichgewichtsüberschreitungen* ebenso unmöglich sein wie „einseitige" Katalysen, etwa *nur* der Zersetzung oder *nur* der Bildung von NH_3 u. dgl. (Doch kann es im heterogenen System vorkommen, daß zuerst eine *Formierung* des festen Katalysators, d. h. ein Übergang in geeignete Struktur und Zusammensetzung unter dem Einfluß des Mediums nötig ist, und daß diese Formierung, beispielsweise durch das fertige Produkt eines Bildungsvorganges (etwa NH_3) leichter vonstatten geht als durch seine Komponenten $(N_2 + H_2)$[78]. Grundsätzlich jedoch besteht für einen Katalysator von ganz bestimmter chemischer und struktureller Beschaffenheit die Forderung, daß er gleichgewichtsindifferent und „zweiseitig orientiert" ist.)

3. Zwischenreaktionen. Der Zwischenreaktionstheorie gegenüber macht OSTWALD geltend, daß nicht ohne weiteres die Beobachtung von Spuren bestimmter mehr oder minder labiler Verbindungen, die als „Zwischenverbindungen" vermutet und angesprochen werden, die Behauptung eines *Verlaufes über jene Zwischenstufe* rechtfertigt; vielmehr muß erst der *Nachweis* geliefert werden, daß ein Cyclus von Teilreaktionen, die sich um jene Zwischenverbindung gruppieren, als „partieller Kreisprozeß" (HABER und BREDIG 1903), mit seinem „Umweg" rascher verläuft als der „direkte" Weg, d. h. die katalysefreie Reaktion. Eine außer dem Hauptprodukt beobachtete besondere Verbindung kann auch Resultat einer „Nebenreaktion" sein. Daß „Zwischenreaktionen" durchweg rascher verlaufen sollten, ist „eine unbewiesene Vermutung". Immerhin aber wird durch die Theorie „etwaiger Mittätigkeit von Zwischenstoffen" nicht vorgegriffen, wenngleich kaum anzunehmen sei, daß jede Katalyse über Zwischenreaktionen verlaufe. Noch in seiner späteren Zeit hat OSTWALD bezweifelt, daß die Theorie der Zwischenreaktionen sich je zu einer allgemeinen Theorie der Katalyse entwickeln werde, doch wird betont, daß nunmehr die Frage „auf den Boden quantitativer Messung gestellt" sei, und weiterhin, daß „die Theorie der Zwischenreaktionen in der Tat ein sehr weites Anwendungsgebiet zu haben scheint" (1904)[79].

Für bestimmte *Fälle im homogenen System* ist unter OSTWALDS Leitung der Nachweis einer „Übertragungskatalyse", d. h. eines Verlaufes über Zwischenstufen in exakter Weise geliefert worden. Die ersten Belege dafür, daß in der Chemie ein Umwegsverlauf im ganzen rascher sein kann als der „direkte" Weg, gaben ROBERT LUTHER und FEDERLIN 1902 mit einer Untersuchung über die Oxydation von phosphoriger Säure zu Phosphorsäure durch Kaliumpersulfat in Gegenwart von JH als Katalysator („Modell für Übertragungskatalyse"). Die beobachtete Gesamtgeschwindigkeit stimmt hier tatsächlich zusammen mit derjenigen Geschwindigkeit, die sich rechnerisch aus der Verfolgung bestimmter Teilreaktionen ergibt; und zwar erhält man quantitative Übereinstimmung unter der Annahme, daß zunächst Persulfat mit JH unter Bildung von Jod reagiert und dieses dann die phosphorige Säure unter Rückbildung von Jod-Ion oxydiert.

Entsprechende Resultate sind später mit zahlreichen anderen Reaktionen, und zwar auch im heterogenen System (mit Oberflächenkatalyse) erzielt worden, so daß der *überragende Wert der Zwischenreaktionstheorie* auch noch von OSTWALD anerkannt werden konnte[80]. Jede Teilreaktion hat ihre eigene Geschwindigkeit, wobei in der Regel *eine* Teilreaktion die anderen stark übertrifft. Für die *tatsächlich beobachtete Geschwindigkeit* des Gesamtverlaufes ist der langsamste Teilakt entscheidend. „Eine Kette ist so stark wie ihr dünnstes Glied, eine Flotte so schnell wie ihr langsamstes Schiff."

Daß *der Verlauf über Zwischenreaktionen mehr oder minder unbestimmter Art nicht ein unterscheidendes Wesensmerkmal von katalytischen und nichtkatalytischen Reaktionen darstellt*, hat OSTWALD wiederholt betont. Ist ja in ihm auch der Gedanke von SCHÖNBEIN lebendig, daß eine *jede chemische Reaktion*, so wie sie sich schematisch in der Reaktionsgleichung darstellt, das Resultat eines komplizierten Reaktionsverlaufes ist, wobei mitunter bestimmte Stufen und Haltepunkte deutlich sichtbar werden. In diesem Sinne hat OSTWALD im Anschluß an SCHÖNBEIN und HORSTMANN seine bekannte „*Stufenregel*" aufgestellt (1897, weitergeführt von SKRABAL in seinem „Reguliergesetz"), die besagt, daß in einem reaktionsfähigen chemischen System nicht sogleich die beständigsten Gebilde entstehen, sondern zunächst unbeständige Zwischenstufen mannigfacher Art. Ein bekanntes Beispiel bildet das System Chlor und Kalilauge, indem hier zunächst Hypochlorit entsteht, das relativ unbeständig ist und allmählich — in der Hitze rascher — in stabiles Chlorid + Chlorat übergeht. „Beim Schmelzen, beim Verdichten von Dämpfen, ja sogar bei homogenen chemischen Reaktionen" gilt das Gesetz, „daß beim Verlassen irgendeines Zustandes und dem Übergang in einen stabileren nicht der unter den vorhandenen Verhältnissen stabilste aufgesucht wird, sondern der nächstliegende". Auch hier findet OSTWALD sein Postulat bestätigt, daß „alle Stoffe, welche unter gegebenen Verhältnissen in einem homogenen Gebilde möglich sind, auch wirklich sich bilden, wenn auch oft nur in verschwindend geringer Menge". Als Zwischenprodukte der H_2O_2-Katalyse mit Molybdän wies BRODE Permolybdänsäure nach, wobei die Gegenwart des Katalysators auch eine Änderung der Reaktionsordnung bewirkt.

4. Heterogene Katalyse. In zunehmendem Maße sind unter OSTWALD Katalysen im heterogenen System ausgeführt worden, insbesondere *Gaskatalysen mit festem Katalysator*. Hier ist es vor allem MAX BODENSTEIN, der die Reaktionskinetik des heterogenen Systems in vielseitiger Weise entwickelt und weitergeführt hat (s. auch S. 108).

Besonders wichtig ist die Erkenntnis, daß im heterogenen System *die die Gesamtgeschwindigkeit bestimmende Teilreaktion auch ein Vorgang rein physikalischer Art wie Diffusion, Adsorption und Desorption* sein kann (W. OSTWALD; NERNST und BRUNNER; BODENSTEIN und FINK; STOCK u. a.).

5. Mehrstoffkatalysatoren. Die schon früher mehrfach beobachtete *über- oder unteradditive Wirkung bestimmter Mehrstoffkatalysatoren* ist zuerst an bestimmten Beispielen wäßriger Lösungen genauer untersucht worden. Bereits 1884 hatte M. TRAUBE beobachtet, daß bei der katalytischen Einwirkung von $FeSO_4$ auf eine Lösung von HJ und H_2O_2 die Eisensulfatwirkung durch Zugabe von $CuSO_4$ verstärkt wird. Dann hatte PRICE 1898 bei der Reaktion von Persulfat und JH ein „Zusammenwirken von Katalysatoren" nicht nur als Abschwächung (z. B. Mn + Zn), sondern auch als Verstärkung (z. B. Fe + Cu mit etwa doppelter Beschleunigung gegenüber der nach dem Additivitätsprinzig berechneten) festgestellt. J. BRODE ist unter OSTWALD und BREDIG 1901 auf diese „kombinierte Katalyse" näher eingegangen, wobei

er unter Weiterführung der Arbeit von P_RICE die verstärkenden
und abschwächenden Einwirkungen genau messend verfolgte; dabei ergab sich, daß auch ein solcher Stoff von Einfluß sein kann,
der für sich allein nicht oder kaum katalysiert[81]. (Nach I_PATIEW
„konjugierte Katalyse".)

Analoge überadditive Wirkungen von Mehrstoffkatalysatoren
bei der Grenzflächenkatalyse sind zuerst in einem chemischen
Industrie-Laboratorium genauer studiert worden (B_OSCH und
M_ITTASCH mit H_ANS W_OLF und G_EORG S_TERN 1910 bei der NH_3-
Synthese der Badischen Anilin- und Soda-Fabrik).

6. *Negative Katalyse.* Schon in früheren Zeiten war auf die
Möglichkeit einer „Hemmung" chemischer Reaktionen durch die
Gegenwart gewisser Fremdstoffe hingewiesen worden, die der
„Förderung" durch andere gegenübersteht. Als klassisches Beispiel erscheint die Aufhebung des Phosphorleuchtens durch an-
wesende Kohlenwasserstoffspuren (T_HÉNARD 1816; s. S. 8; auch
S_TAMMER u. a.). L_ÖWENTHAL und L_ENSSEN bemerken 1862 im
Anschluß an die hinsichtlich der „Katalyse des Sauerstoffs" ge-
machte Beobachtung, daß die Oxydation von JH mittels Chromsäure durch SO_2 gehemmt wurde: die Erscheinung deute darauf
hin, „daß ebenso wie die Aktivität der Moleküle sich auf einen
indifferenten Körper übertragen läßt, — — — sich ebenfalls die
Inaktivität einem anderen mitteilt". W. O_STWALD hat von vornherein neben der „Beschleunigung" auch eine „Verzögerung" in
seine Katalysedefinition aufgenommen. Bereits 1894 werden
Katalysatoren als Stoffe definiert, die positiv oder negativ wirken
können, je nachdem sie Beschleunigung oder Verzögerung hervor-
bringen. L_UTHER und T_ITOFF haben festgestellt, daß bei der
„negativen Katalyse", welche nach B_IGELOW die Oxydation von
gelöstem SO_2 oder Natriumsulfit mit Luftsauerstoff durch organische Verbindungen wie Zucker erfährt, in Wirklichkeit ein posi-
tiver Katalysator, nämlich Spuren Cu, gebunden wird, daß also
genau genommen eine „Vergiftung" stattfindet. Ähnlich haben
noch andere Fälle „negativer Katalyse" als eine Aufhebung posi-
tiver Katalyse „entlarvt" werden können, so daß der Kreis
„echter" negativer Katalyse, d. h. *unmittelbarer Schädigung* einer
chemischen Reaktion durch einen Fremdstoff, sehr zusammen-
geschrumpft ist[82]. Außerdem haben spätere Forschungen ergeben,
daß der Chemismus negativer Katalyse wie der obigen bei der

Sulfitoxydation noch wesentlich komplizierter ist, indem auch die *Kettenreaktion* und deren Abbruch durch bestimmte Stoffe eine wesentliche Rolle spielt (s. K. WEBER, Inhibitorwirkungen, 1938).

7. Keimkatalyse und Autokatalyse. Der schon von HORSTMANN u. a. beachteten physikalischen „Keimwirkung", d. h. der Erscheinung, daß in übersättigten instabilen oder metastabilen Gebilden die Abscheidung der in „Latenz" befindlichen neuen Phase rasch vonstatten geht, sobald bestimmte Ausgangspunkte geschaffen sind, hat OSTWALD von vornherein großes Interesse gewidmet, und zwar mit deutlicher Scheidung der *Fremdkeimwirkung* und der *Eigenkeimwirkung*. Ist die Fremdkeimwirkung, wie sie sich in dem Krystallisieren aus unterkühlten Schmelzen und übersättigten Lösungen und in der Kondensation von übersättigten Dämpfen an Stoffzentren und „Kernen" von beliebiger Zusammensetzung äußert, ein physikalisches Modell der gewöhnlichen chemischen Katalyse (Allokatalyse), so bildet die noch ungleich wichtigere entsprechende „Auslösung" durch Zentren und Kerne der gleichen Substanz (Wasserkondensation an schon vorhandene Wassertröpfchen, Anlagerung von Eis an schon vorhandene Eiskrystalle usw.) das Modell der *Autokatalyse*.

OSTWALD hat auch bereits die Bedeutung erkannt, die der *Autokatalyse für die Physiologie*, und zwar in erster Linie für das Wachsen von pflanzlichen und tierischen Geweben zukommt; auch hat er nicht gezögert, weitere Möglichkeiten einer Beziehung der Autokatalyse zum „organischen Gedächtnis" (HERING) und zur „Überheilung" zu erörtern[83]. „Die Erscheinung der Regenerationsfähigkeit und der Überheilung schließen sich am engsten an die Erscheinungen der Autokatalyse an." Anfänge einer biochemischen Nutzbarmachung der Lehre von der Autokatalyse finden sich bei WOLFGANG OSTWALD, JAQUES LOEB, ROBERTSON u. a. (um 1908).

8. Gekoppelte Reaktionen. Auch hierüber (s. S. 70) ist unter OSTWALD zum ersten Male streng quantitativ reaktionskinetisch gearbeitet worden, und zwar von LUTHER und SCHILOW 1903. Der Reaktionschemismus wurde an typischen Fällen klargestellt und eine geeignete Nomenklatur geschaffen: Kopplung (KESSLER: Induktion); Induktor (dem Katalysator vergleichbar), Aktor (oder Donator) und Acceptor[84]. Um die weitere Entwicklung haben sich bemüht C. ENGLER, J. WAGNER, BACH, MANCHOT, SKRABAL, HALE, VANNOY u. a.

Welche Bedeutung die Kopplung von Reaktionen im Organismus für die Bildung von Stoffen besitzt, die nicht freiwillig durch Abfall der freien Energie entstehen können, ist gleichfalls von OSTWALD erkannt worden.

9. Fermentkatalyse. Von Anfang an haben für OSTWALD ebensowenig wie für BERZELIUS und SCHÖNBEIN Zweifel bestanden, daß die *Fermentreaktionen katalytische Reaktionen* sind. ,,Eine besondere Klasse von sehr wirksamen Katalysatoren bilden die in den Organismen vorhandenen Fermente oder Enzyme[85].`` Besonders beachtlich erschienen OSTWALD ,,die schönen Untersuchungen`` von EMIL FISCHER, wonach ,,sehr geringe Verschiedenheiten, welche die heutige Chemie als stereochemisch deutet, große Verschiedenheiten in der Wirkung eines Enzyms verursachen`` (1901).

Auch über das Gebiet der damals bekannten enzymatischen Wirkungen hinaus hat W. OSTWALD katalytische Wirkungen erkannt oder vermutet. Es handelt sich allgemein um *physiologische Katalyse*, wie sie 1852 bereits CARL LUDWIG in seinem Ausspruche verkündet hatte: ,,Es dürfte leicht dahin kommen, daß die physiologische Chemie ein Teil der katalytischen würde.`` So hat OSTWALD die Forschungen von ARRHENIUS über Toxine und Antitoxine, sowie biokatalytische Arbeiten von HENRI u. a. als vielverheißende Anfänge zukünftiger Erweiterung der Wissenschaft begrüßt, ,,welche an Bedeutung der nichts nachgeben wird, welche LIEBIG seinerzeit durch die erste systematische Anwendung der chemischen Wissenschaft bewirkt hat`` (1904); und er hat weiterhin keinen Zweifel darüber gelassen, daß er derartige neue katalytische Erfolge vor allem auch auf dem Gebiete der *Hormone* kommen sah.

In der Einwirkung der Sekrete der Schilddrüse und ihrer Nebenorgane als ,,chemischer Apparate`` auf den Menschen sieht OSTWALD ,,ein ausgezeichnetes Beispiel für die Tätigkeit der Katalysatoren im Organismus``. Ja schließlich — in allzu summarischer Vereinfachung —: ,,Die alten Gegensätze der klassischen Temperamente, die sich auf den Gegensatz der Langsamen und der Geschwinden reduzieren lassen, erscheinen hier als Ergebnis des quantitativen Verhältnisses zweier entgegengesetzter Katalysatoren.`` (Nobelpreis-Vortrag 1909.)

Als anorganisches Modell wahlhafter Nahrungsaufnahme erscheint OSTWALD der Vorgang: ,,Wird ein Reduktionsmittel in ein Gemenge von Chlorat, Bromat und Jodat gebracht, so wird zuerst die Jodsäure assimiliert", und die anderen Stoffe bleiben „geschützt", bis jene verbraucht ist. In den Erscheinungen der periodischen Auflösung von Chrommetall in Säure mit ihrer starken Beeinflußbarkeit durch katalytisch wirkende Fremdstoffe sieht er ein „anschauliches Bild für die Ausgiebigkeit der katalytischen Wirkungen bezüglich der Formgestaltung im Organismus". In diesem Zusammenhange hat OSTWALD auf die *regelmäßige Verknüpfung und die besondere Zeitordnung in den biokatalytischen Wirkungen*, z. B. beim Keimen eines Samenkornes, nachdrücklich hingewiesen; die Einzelvorgänge sind derart zu einem Gesamtvorgang verbunden, daß „der Prozeß regelmäßig und zweckmäßig verläuft". Beim Keimen von Samen erscheinen nacheinander die Stärke lösenden, oxydierenden, assimilierenden usw. Enzyme in solcher Folge, solcher Menge und an solchen Orten, daß der überaus verwickelte Prozeß der Entwicklung des ganzen Pflänzchens regelmäßig und zweckmäßig verläuft: das Koordinationsproblem der Biologie. (1903: Vortrag in BERKELEY über „Biologie und Chemie" mit der Tendenz: Biologie ist eine autonome Wissenschaft, jedoch „nicht unabhängig von Chemie und Physik, sondern innerhalb der durch sie gegebenen Grenzen des empirisch Möglichen"; demnach: „Man muß die Mittel und Wege der Physik und Chemie kennen, wenn man die Mittel und Wege des Organismus begreifen will.")

Die *Analogie bzw. Gleichheit der Wirkung von Fermenten und Katalysatoren* hat vor allem GEORG BREDIG im Ostwald-Institut in Leipzig systematisch verfolgt, indem *er als erster ein anorganisches Modell organischer Fermente* im kolloidalen Pt-Metall fand und vielfältig untersuchte[86]. Dabei wurden eine Menge Beziehungen ermittelt, sowohl hinsichtlich der außerordentlich starken Wirkung schon kleinster Mengen wie hinsichtlich der Empfindlichkeit gegen höhere Temperatur und gegen Fremdstoffe. Der fortan „Vergiftung" genannten Schädigung von Katalysatoren durch Begleitstoffe wurde besondere Aufmerksamkeit gewidmet; in manchen Fällen kann nachträglich „Erholung" eintreten: reversible Giftwirkung gegenüber der irreversiblen.

Wie für einfache Katalyse, so gilt in gleicher Weise für die Enzymkatalyse, daß eine „sich immer wieder lösende und erneuernde Bindung zwischen Enzym und Substrat" oder „eine automatische Regenerierung des Hilfsstoffes in immer wieder katalytisch wirksamer Form" statthat. Fortgesetzte Beschäftigung mit Fragen der Enzymkatalyse, im Kreis zahlreicher Mitarbeiter, hat BREDIG später schließlich zur Synthese eines „Faserkatalysators" mit stereochemisch spezifischem abtrennbarem Träger (Cellulose) geführt, als Modell von „Gewebekatalysatoren", wie solche schon von BERZELIUS angenommen worden waren.

d) Weiterführung der neuen katalytischen Bewegung.

Abschließend ist zu sagen, daß der (an sich schon recht beträchtliche) „kleine" katalytische Forschungskreis um W. OSTWALD (BREDIG, LUTHER, BODENSTEIN, TRAUTZ, BRAUER, SENTER, FEDERLIN, BRODE, TITOFF, OSKAR HAHN, MITTASCH und zahlreiche andere) sich mehr und mehr eingefügt hat in einen großen Forschungskreis, der zahlreiche Namen an den verschiedensten Stätten in den verschiedensten Ländern umfaßt. Aus der ersten Zeit — bis ca. 1910 — sind vor allem die Namen WEGSCHEIDER, BODLÄNDER, H. GOLDSCHMIDT, F. HABER, W. NERNST, E. ABEL, SKRABAL zu nennen, denen sich weiterhin H. S. TAYLOR, BRÖNSTED, MAXTED, HINSHELWOOD, KISTIAKOWSKY, G. M. SCHWAB, E. PIETSCH, BONHOEFFER, C. WAGNER, RIDEAL, CONSTABLE, POLANYI und viele andere zugesellen.

RUDOLF WEGSCHEIDER (1859—1935) hat vor allem die Begriffe „Gleichgewichtskonstante" und „Geschwindigkeitskoeffizient" in die Begriffswelt der organischen Chemie eingeführt: Veresterung und Verseifung (mit Stufenverlauf bei Estern mehrbasischer Säuren); katalytische Umlagerung des Cinchonins durch Halogenwasserstoff[87]; Dissoziation des Salmiaks; Kinetik von Neben- und Folgereaktionen; dazu Studium simultaner Gleichgewichte (von SKRABAL fortgesetzt in „Simultanreaktionen") usw. Neben „beschleunigenden" Katalysatoren gibt es auch solche, welche die Reaktionsbahn ändern. Auch negative Katalyse kann auf dem Boden der Zwischenreaktionstheorie erklärt werden, was von OSTWALD zunächst für unmöglich gehalten worden war (s. TITOFF S. 103).

HEINRICH GOLDSCHMIDT (1857—1937), gleichfalls mit wesentlichen Beiträgen zur Katalyse in der organischen Chemie: Verseifung und Veresterung; Reaktionskinetik der Umlagerung von Diazoaminoverbindungen, der Bildung von Azofarbstoffen usw.

FRITZ HABER (1868—1934), grundlegende Studien zur Kinetik von Gasreaktionen sowie zur Katalyse; NH_3-Synthese (Haber-Bosch-Verfahren); Vorgänge in Flammen und Explosionen[88].

WALTER NERNST, mit wesentlichen Beiträgen insbesondere zur Kinetik heterogener Katalyse: Bedeutung physikalischer Teilakte wie Adsorption und Diffusion, die das Tempo des Gesamtvorganges bestimmen können (von BODENSTEIN und FINK am Beispiel der SO_3-Katalyse, von STOCK an der SbH_3-Zersetzung weiterverfolgt)[89].

MAX BODENSTEIN (von V. MEYER kommend; s. auch S. 102): ausgedehnte Pflege der heterogenen Katalyse; später grundlegende Leistungen zur begrifflichen Fixierung und experimentellen Untersuchung der „Kettenreaktion“; dazu vielfältige Aufklärung photochemischer Reaktionen[90].

Musterbeispiele *reaktionskinetischer Zergliederungskunst* haben für homogene und heterogene Katalyse z. B. E. ABEL[91], BODENSTEIN, BREDIG, SCHWAB, SKRABAL geliefert. Durchweg hat sich dabei eine Formulierung bewährt, die WEGSCHEIDER 1900 gegeben hat: „Katalytische Beschleunigungen lassen sich durch die Annahme erklären, daß bei jeder chemischen Reaktion eine kontinuierliche Folge von Zwischenzuständen durchlaufen wird und daß der Katalysator, indem er mit den reagierenden Körpern in Wechselwirkung tritt, die Art der Zwischenzustände derart verändert, daß die Reaktion ermöglicht oder beschleunigt wird.“ Hier ist nicht nur eine kurze Zusammenfassung des im 19. Jahrhundert bezüglich der Theorie der Katalyse Vollbrachten gegeben, sondern es ist zugleich — mit der Betonung der kontinuierlichen Folge von Zwischenzuständen in Wechselwirkung zwischen Katalysator und Substrat — gewissermaßen auch das Arbeitsprogramm für die künftige Katalyseforschung aufgestellt[92].

Über die an OSTWALD zeitlich anschließende *biokatalytische Forschung anderwärts* seien nur einige Andeutungen gegeben. PERRIN hat als Erster 1905 Fermente als dual zusammengesetzt (wirkender Teil und Träger) angesehen. In dem gleichen Jahre haben TH. HARDEN und YOUNG zum ersten Male eine *Zwischenverbindung* im Fermentchemismus nachweisen können: Hexosediphosphorsäure im Kohlehydratstoffwechsel, aus Hefepreßsaft isoliert. Um dieselbe Zeit ist von KASTLE und LOEVENHART der Reaktionsverlauf bestimmter enzymatischer Vorgänge genauer erforscht worden.

Theoretisch bedeutungsvoll wurden fernerhin Arbeiten von
SÖRENSEN 1909 über den Einfluß der H-Ionenkonzentration, sowie von MICHAELIS und MENTEN 1913 („vorgelagerte Gleichgewichte" intermediärer Anlagerungsverbindungen, mit bestimmten Bildungs- und Zerfallsgeschwindigkeiten). Nach MICHAELIS
läuft der Vorgang über einen Enzym-Substrat-Komplex, dessen
Zerfall in Katalysator und verändertes Substrat in der Regel das
Tempo des Gesamtumsatzes bestimmt.

Hinsichtlich der *weiteren Entwicklung der Enzymatik*, die sich
teils in enger Berührung mit der allgemeinen Katalytik, teils auch
(in präparativer Richtung) ziemlich selbständig vollzogen hat[93],
seien nur einige Namen angeführt: BAYLISS, J. B. S. HALDANE,
ABDERHALDEN, WILLSTÄTTER, WIELAND, v. EULER, FODOR,
C. NEUBERG, O. WARBURG, NORTHROP, SUMNER, R. KUHN, THEO-
RELL, NORD, WEIDENHAGEN, GRASSMANN, WALDSCHMIDT-LEITZ,
W. KUHN und viele andere mehr. In bezug auf allgemeine biokatalytische Wirkungen in Physiologie und Medizin kommen
hierzu noch weitere Forscher, beginnend mit SCHADE und HOEBER,
BECHHOLD, ABDERHALDEN u. a. m.

16. Ausblick auf die neueste Entwicklung der Katalyse bis zur Gegenwart.

Unsere Betrachtung hat bis an die Schwelle der katalytischen
Entwicklung der letzten Jahrzehnte geführt, die, weil unmittelbar
in die Gegenwart eingreifend, von unserer Darstellung ausgeschlossen wird. Es kann sich nur noch darum handeln, andeutend einige
hervorragende *Gesichtspunkte und Fortschritte* anzuführen, die für
die weitere Gestaltung in Gegenwart und Zukunft maßgebend
erscheinen.

Rein empirisch und praktisch ist die Entwicklung der Katalyse
in unserem Jahrhundert zunächst gekennzeichnet durch eine *ungeheure Verbreiterung des katalytischen Wissens*, indem einerseits
immer neue katalytisch-chemische Reaktionen aufgefunden, andererseits immer neue chemische Substanzen als einer katalytischen
Wirkung in bestimmten Fällen fähig entdeckt werden, wobei zunehmend auch Stoffe organisch-chemischer Art Beachtung finden[94].
Im ganzen handelt es sich teils um solche Reaktionen, die durch
Verwendung bestimmter Katalysatoren erleichtert und in ihren
Ausbeuten verbessert, teils auch um solche, die erst durch Auf-

findung bestimmter Katalysatoren ermöglicht werden (z. B. NH_3-Synthese). Ein bestimmter Katalysator aber kann entweder vielseitig und reichtalentiert sein — wie etwa das H˙-Ion, das Eisen — oder nur bestimmter Wirkungen fähig, also von mehr oder weniger wirkungsspezifischer Art, wie vor allem die Enzyme.

Die vielfältige Erweiterung katalytischen Wissens hat auch die *Definition der Katalyse* nicht unberührt gelassen, indem die früher nur gelegentlich beachtete Möglichkeit des Richtens und Lenkens, also des „Wählens zwischen verschiedenen Wegen" ausdrücklich als Begriffsmerkmal aufgenommen wurde. Der Katalysator erscheint nunmehr als „ein Stoff, der, obgleich an einer Reaktion anscheinend nicht unmittelbar beteiligt, diese hervorruft oder beschleunigt oder in bestimmte Bahnen lenkt"; oder als ein Körper, „der eine chemische Reaktion oder Reaktionsfolge *nach Richtung und Geschwindigkeit bestimmt*" (MITTASCH 1933 u. 1935). Starke Pflege findet die *Mehrstoffkatalyse*.

Auch die *Biokatalyse* hat sich sowohl in präparativer wie in theoretischer Beziehung zunehmend reicher und vielseitiger entwickelt, wobei die Verbindung mit „gewöhnlicher" Katalyse immer enger geworden ist. Neben der ausgesprochen enzymatischen gewinnt dabei in der Physiologie die nichtenzymatische Katalyse immer mehr Gewicht und Bedeutung.

Äußerlich ist die neuere katalytische Entwicklung allgemein dadurch gekennzeichnet, daß außer Hochschulinstituten und besonderen Forschungsinstituten sich in wachsendem Maße auch Industrielaboratorien größerer und kleinerer Art an der Auffindung und Bearbeitung katalytischer Reaktionen beteiligen. Demgemäß ist auch die *industrielle und technische Katalyse* in raschem und dauerndem Fortschreiten begriffen, und es sind durch zielbewußte Zusammenfügungen einzelner fabrikatorischer Akte auf katalytischer Grundlage oder mit katalytischem Beiwerk zahlreiche umfassende „künstliche Herstellungen" möglich geworden, die einigermaßen an die kühnen Pläne und Träume eines DÖBEREINER erinnern: Kunststoffe wie Buna-Kautschuk, ferner Benzin aus Kohle (direkt oder indirekt), Zucker aus Holz usw.

„Überlegt man, daß die Beschleunigung der Reaktionen durch katalytische Mittel ohne Aufwand an Energie, also in solchem Sinne *gratis* vor sich geht, und daß in aller Technik, also auch in der chemischen, Zeit Geld ist, so sehen Sie, daß die systematische Benutzung katalytischer Hilfsmittel die tiefgehendsten Umwandlungen erwarten läßt" (W. Ostwald 1901).

In *theoretischer Hinsicht* ist die Entwicklung dadurch gekennzeichnet, daß fortan die katalytische Forschung sich durchaus im Rahmen der allgemeinen Reaktionskinetik vollzogen hat. Weit mehr als im vorigen Jahrhundert ist die *katalytische Theorie Nutznießerin der allgemeinen chemischen Theorie* mit ihren Fortschritten geworden; wobei aber umgekehrt vielfach wiederum katalytische Studien die allgemeine chemische Kinetik befruchten und bereichern.

Dies gilt insbesondere für das Studium der *Adsorption*, die der chemischen Reaktion von Gasen an festen Körpern vorausgeht, und die zunächst fast ausschließlich mit Bezug auf *katalytische* Reaktionen untersucht worden ist. So konnte auch noch in unseren Zeiten vorübergehend die „Adsorption", genauer die besondere Art „auswählender" oder „aktivierender" Adsorption (gegenüber der allgemeinen Adsorption, z. B. an Glas), als besonderes Kennzeichen der heterogenen Katalyse gelten, obwohl doch *jede* Reaktion im heterogenen System (z. B. C mit O_2 oder Fe mit Cl_2 oder Li mit N_2) mit einer Adsorption anhebt. Auch die ertragreiche Theorie der aktiven Punkte oder Zentren, genauer: der ungleichen energetischen Aktivität verschiedener Oberflächenstellen eines festen Körpers (H. S. Taylor 1925, im Anschluß an Langmuir; erste experimentelle Nachweise an Krystallkanten und -ecken, Korngrenzen und Störstellen durch Schwab und Pietsch) trifft sowohl katalytische wie nichtkatalytische Reaktion, nur mit dem Unterschied, daß bei gewöhnlicher chemischer Oberflächenreaktion die aktivsten Stellen, die zuerst ergriffen werden, unwiederbringlich dahin sind und durch neue „freigelegte" aktive Zentren fortlaufend ersetzt werden müssen.

Allgemein wird gelten: *Die Katalyse ist keineswegs durch eine besondere Art „Partialreaktionen" gekennzeichnet, die bei „gewöhnlichen" chemischen Reaktionen nicht vorhanden wären, sondern lediglich durch eine besondere Verknüpfungsart von Teilakten, die gleichgeartet auch bei nichtkatalytischen Vorgängen, jedoch in anderer Verknüpfungsweise, vorkommen.* Einwandfrei charakterisiert wird die typische Katalyse vor allem durch den *Effekt*, der darauf beruht, daß ein reagierendes Stoffgebilde sich aus der Umklammerung immer wieder zu befreien und darum seine Tätigkeit beliebig zu wiederholen vermag: ein Wirken scheinbar durch bloße Gegenwart. So kann auch hinsichtlich der formalen Begriffsbestimmung der Katalyse kaum noch ein Fortschritt erzielt werden; ein Fortschritt kann sich vielmehr nur beziehen auf die *Zergliederung des besonderen Chemismus*, den katalytische Reaktionen einerseits, nichtkatalytische andererseits aufweisen. Mit einer gewissen Übertreibung kann man sagen: Seit VAN 'T HOFF und W. OSTWALD gibt es keine selbständige Theorie der Katalyse mehr, sie ist vielmehr aufgegangen in der allgemeinen chemischen Theorie, d. h. der chemischen Reaktionskinetik.

Diese *allgemeine Reaktionskinetik* hat in den letzten Jahrzehnten eine wesentliche Vervollkommnung und Verfeinerung erfahren. Zu den früheren mehr summarischen molekularkinetischen Untersuchungsweisen über den Einfluß von Temperatur, Druck, Konzentration usw. sind sublime neue *Arbeitsmethoden* gekommen, insbesondere unter Benutzung verschiedenster physikalischer, z. B. spektroskopischer und röntgenographischer bis elektronenmikroskopischer apparativer Hilfsmittel. Vor allem aber sind durch die Quantentheorie und die neue Atomphysik (Elektronik) mit ihrer Quanten- und Wellenmechanik neue Denkbilder und *Denkmethoden* in die Theorie eingeführt worden, die sich mehr und mehr auszuwirken vermögen. So befaßt sich die neue Reaktionskinetik sowohl mit einer gründlichen kinetischen wie mit einer weitgetriebenen energetischen Zergliederung des chemischen Geschehens, und zwar bis in die Elementarprozesse hinein, die einerseits experimentell „herauspräpariert", andererseits — auf quantenmechanischer Grundlage — nach Möglichkeit auch theoretisch berechnet werden. Reaktionen freier Atome und Radikale, sowie „aktive Zustände" spielen eine wichtige Rolle.

Für die Reaktionskinetik im allgemeinen wie für die Katalytik im besonderen bestehen demnach im wesentlichen folgende Aufgabengebiete:

a) Experimentelle Erforschung und theoretische Erörterung der *Elementarprozesse*, aus denen sich homogene und heterogene chemische Reaktionen „zusammensetzen". Im Mittelpunkt steht der *chemische Urakt* (Verbindung oder Spaltung) eines mit spezifischer Affinität begabten Elementargebildes oder „Individuums", an den sich — rechts und links, vorlaufend und nachlaufend — andere Elementarakte anschließen. Durch „Addierung" zahl reicher gleichartiger Teilakte gleichartiger Gebilde und Wechselwirkung untereinander ergeben sich die *Elementarreaktionen chemischer Systeme* oder Ganzheiten, die in ihrem Zusammenschluß die in der chemischen Gleichung niedergelegte und auf Grammmole oder Grammatome bezogene Bruttoreaktion liefern.

b) Studium der *energetischen Verhältnisse* in engem Anschluß an die großen Fortschritte der Quantenphysik und der Photochemie; Einsteins photochemisches Äquivalenzgesetz, Photo- und Thermoioneneffekt, „Potentialwall" und Potentialkurven des Atoms und der Molekel, Aktivierungsenergie von Elementarprozessen und ihre theoretische Ableitung aus Stoffkonstanten.

c) *Affinitätsstudien* mit Vertiefung der Vorstellungen über „Valenz" und „chemische Bindung" auf der Grundlage der Elektronensymbolik; verschiedene Arten der Bindung in Mikro- und Makromolekeln nebst übermolekularen Bindungen (Haupt- und Neben- oder Restvalenzen, zwischenmolekulare van der Waals-Kräfte elektrostatischer Art usw.); fortschreitende Aufklärung durch Dipol- und Spektralphysik (Röntgenographie, Smekal-Raman-Effekt usw.)[95]. „Der Strichvalenz entspricht eine erhöhte Elektronendichte in der kürzesten Verbindungslinie der verbundenen Atome" (H. G. Grimm). „Die fast unübersehbaren mannigfaltigen chemischen Reaktionsgesetze sind Folgerungen aus den einfachen Grundgesetzen der Quanten- und Elektronenmechanik" (P. Jordan).

Während man sich in den Anfängen reaktionskinetischer Forschung mit einer Feststellung der Hauptstufen einer chemischen Reaktion und ihrer Gesetzmäßigkeit (Reaktionsordnung, wichtige Zwischenverbindungen und deren Zersetzung) begnügt hat — mitunter sogar unter gewaltsamer „Hineinpressung" in eine Ordnung —, setzt man neuerdings den Ehrgeiz darein, den *gesamten* „*Lebenslauf*" *einer Reaktion* in aller Ausführlichkeit wiederzugeben, und zwar mit dem Ziele, aus den ursprünglichen „Erbanlagen" (d. h. Stoffkonstanten) diesen Ablauf als zwingend kausal bedingt (als „determiniert") nachzuweisen, zunächst mit Rücksicht auf die enegetischen und „kinematischen" Werte, jedoch mit dem Hintergedanken, schließlich auch die *Zeitgrößen* der Elementarprozesse nicht nur als gegeben zu akzeptieren, sondern sie gleichfalls aus allgemeiner Gesetzlichkeit abzuleiten[96].

Im besonderen dient diesem „Schönbein-Ideal":

d) Erforschung und theoretische Deutung der *Kettenreaktion*, deren Anstoß oder „Start" energetisch (insbesondere durch Photonen) oder „katalytisch" vor sich geht, und die auch katalytisch, d. h. durch „Wandreaktion" abgebrochen werden kann. Der stafettenförmige Verlauf der Kettenreaktion mit ihren Verzweigungen gibt eine neue katalytische Möglichkeit neben dem einfach-cyclischen Verlauf der typischen klassischen Katalyse (BODENSTEIN, CHRISTIANSEN, BONHOEFFER, RICE und HERZFELD, HINSHELWOOD, CLUSIUS, BÄCKSTRÖM, SEMENOFF u. a. m.).

e) Besondere Beachtung der *Grenzflächenvorgänge*, der Adsorption (und Absorption) als Vorstufe chemischer Umsetzungen: Energieaustausch, Stoffaustausch, Elektronenübergänge usw. bei vorhandenen Inhomogenitäten der Oberflächenstruktur mit aktiven Stellen verschiedenen Grades. (Vgl. die Vorträge bei der Hauptversammlung der Deutschen Bunsengesellschaft 1938 mit dem Hauptthema: Physikalische Chemie der Grenzflächenvorgänge.)

f) Neue Aufschlüsse über die *Struktur von Flüssigkeiten und festen Körpern;* Beziehungen der Molekel zur Makromolekel, dem Krystall, dem Micell usw.; Krystallgitter mit Gitterstörungen und Fehlstellen, Bedeutung der Feinstruktur (SMEKAL, FRICKE, HÜTTIG, PARRAVANO, HEDVALL u. a.); magnetische Messungen (GRUBE, W. KLEMM u. a.).

g) Neue Methoden zur Ermittlung von „Primärprozessen" und Elementarakten chemischer Reaktionen, z. B. optische und elektrische Methoden verschiedenster Art; ferner Benützung von radioaktiven Elementen sowie von Isotopen (vor allem Deuterium) als Indicatoren des Chemismus von Gaskatalysen, Lösungskatalysen und Grenzflächenkatalysen; Anwendung „radiochemischer" Methoden mittels Luminescenzerscheinungen; Chromatographie usw.

h) Auch in der *Enzymkatalyse* zeigt sich eine großartige Ausweitung und Vertiefung in präparativer, konstruktiver und theoretischer Beziehung. Besonders hervorgehoben sei: synthetischer Aufbau von Enzymmodellen, in einzelnen Fällen bis nahe an die Vollendung der Natur; Charakterisierung typischer *Fermente als Mehrstoffkatalysatoren* mehr oder minder „beweglicher" Art mit prosthetischen Gruppen (Wirkungsgruppen) und Eiweißkörpern als „Träger"; Zerlegung der Enzymprozesse in Einzelstufen; Zusammenhänge mit Vitaminen und Hormonen; ganzheitliches Zusammenwirken von Enzymen in Fermentsystemen.

Es wird also nicht nur die *Einzelerscheinung und die Einzelwirkung* als solche erforscht, sondern auch die *zeiträumliche Ordnungsform*, in der die ungezählten Enzyme des Organismus derart gleichzeitig oder nacheinander arbeiten, daß einheitliche Erfolge mit Zweck und Ziel entstehen: sei es, daß solche Wirkungen unaufhörlich während der Lebensdauer stattfinden müssen — wie die Zellatmung —, sei es, daß — wie bei Verdauungsenzymen — die Wirkung situationsmäßig je nach Bedarf „ausgelöst" und wieder „eingeklinkt" wird mittels sinnreicher Hemmungs- und Enthemmungsvorrichtungen übergeordneter, regulierender und koordinierender Faktoren, als welche verschiedene Hormone und schließlich gegebenenfalls wahlhaft tätige „Einrichtungen" des Nervensystems tätig sind.

i) Hiermit steht in enger Beziehung ein weiteres *Vordringen des Katalysatorbegriffes* in Physiologie, Genetik, Medizin sowie in andere Gebiete der normalen und der pathologischen Biologie.

Im ganzen ist daran festzuhalten, daß unsere *Einsicht in das Wesen und den Verlauf katalytischer Vorgänge eng gekuppelt ist an die wachsende Einsicht in das Wesen und den Verlauf chemischer Vorgänge* überhaupt, mit ihrer Eigenart unstetig veränderlicher Stoffkonstanten und demgemäß sprunghaft selektiver Affinität. Wenn nun selbst gegenwärtig für eine wirklich befriedigende und „brauchbare Theorie der spezifischen Affinität" höchstens „erste Anfänge" vorhanden sind (W. Hückel), so läßt sich voraussehen, daß noch unbestimmt lange Zeit, vielleicht dauernd, kompliziertere Fälle etwa organischer und biochemischer Katalysen nur durch Empirie, d. h. durch immer neues Experimentieren — zunehmend geleitet und bestimmt durch die Theorie — zu bewältigen sein werden. Mit London (1929) kann man daran zweifeln, „ob es je gelingen wird, die durch die Quantenmechanik eröffneten Möglichkeiten voll auszuschöpfen und mit ihrer Hilfe die unendlich komplizierten Verhältnisse, wie sie die Wirklichkeit bietet, im einzelnen auch rechnerisch zu verfolgen". Der Chemiker, demgemäß auch insbesondere der suchende und erfindende katalytische Chemiker, wird es zufrieden sein, wenn die Chemie nie völlig im Rechnen aufgeht, so daß ihm diejenige Betätigungsfreude erhalten bleibt, die an den steten Wechsel von gedanklicher Fragestellung und handelndem Versuch gebunden ist.

Für Fragestellung aber, sowie für Versuchsführung und Versuchswertung kann die *Bedeutung einer entwickelten Theorie des Chemismus und Katalismus* gar nicht hoch genug eingeschätzt werden. Allerdings ist die einfache und unmittelbare „Anschaulichkeit" einer Bauklötzchenatomistik in der neuen Theorie unwiederbringlich verlorengegangen, so daß oft Analogien und „Figmente" (nach HELMHOLTZ) als anschauliche „Ersatzwahrheit" eintreten müssen. „Der bisherige Urbestandteil des Weltbildes: der materielle Punkt, er ist aufgelöst worden in ein System von Materiewelten. Diese Materiewelten bilden die Elemente der neuen Welt" (PLANCK 1932). Jenem Verlust an primärer und unmittelbarer Anschaulichkeit steht jedoch ein überragender Gewinn gegenüber insofern, als an Stelle eines primitiven „Mechanismus" ein universeller „Dynamismus" getreten ist: Stoff ist nicht ohne Betätigung von Energie; aus dem „ruhenden Sein", das ab und zu eine Wandlung als Umsetzung erfährt, ist ein „immerwährendes Geschehen" geworden, fließend und wechselnd nach Ganzheitsgesetzen und nach Plan und Sinn.

Schluß.

Obwohl nur ein Teilgebiet der Chemie, ist die Katalyse doch ein so wichtiges, ja zentrales Teilgebiet, daß sich in der Geschichte der Katalyse eines Jahrhunderts *die Entwicklung der ganzen Chemie in diesem Zeitraume widerspiegelt* mit ihrem — bei allen Schwankungen im einzelnen — durchaus zielbewußten Fortschreiten in Bereicherung, Vertiefung und Verinnerlichung.

Zugleich wird auch die Bedeutung, die der Chemie für die *Wissenschaft vom Leben* wie für die *Beherrschung des Lebens* zukommt, bei der Katalyse in ganz hervorragender Weise offenbar. Viel hat die Katalyse in jeder Hinsicht im vergangenen Jahrhundert geleistet, theoretisch wie praktisch; Größeres noch, vor allem in der Biokatalyse, harrt ihrer als Aufgabe für die Zukunft. Chemie ohne Katalyse wäre wie ein Schwert ohne Griff, wie ein Licht ohne Schein, wie eine Glocke ohne Klang!

Anmerkungen.

[1] Ältere Darstellungen, zumal über Teilentwicklungen, finden sich bei MITTASCH u. THEIS: Von Davy und Döbereiner bis Deacon, 1932; MITTASCH: Über die Entwicklung der Theorie der Katalyse im 19. Jahrhundert. Naturwiss. **1933**, 729. Ferner W. OSTWALD: Ältere Geschichte der Lehre von den Berührungswirkungen. Dekanatsschrift Leipzig 1898; Über Katalyse, Vortrag bei der Versamml. Deutscher Naturforscher u. Ärzte 1901; Werdegang einer Wissenschaft, S. 283ff. (1908); Nobelpreisvortrag „Katalyse", 1909.

[2] Einen Sonderfall uralter nichtenzymatischer Katalyse bildet eine alte Feuerungsart, auf welche der Bibelspruch hinweist, Matth. 5, 13: „Wo nun das Salz dumm wird, womit soll man salzen?" Nach neueren Feststellungen handelt es sich hier um einen alten Brauch in Palästina und Arabien, den Boden der Backöfen mit Salzplatten (gewonnen aus dem Toten Meer) auszulegen, die durch ihren Gehalt an Chloriden des Ca, Mg, K und Na die Verbrennung von Holz und getrocknetem Kamelmist beschleunigen. Durch Anreicherung der Unterlage mit Phosphaten aus der Brennstoffasche, die als „negative Katalysatoren" der Verbrennung entgegenwirken, findet allmählich der günstige Einfluß ein Ende, und die Salzplatte muß erneuert werden. S. RIESENFELD: Naturwiss. **1935**, 311; Ber. dtsch. chem. Ges. **68**, 2052 (1935). Von hier bis zur Angabe des Pseudo-Geber z. B., daß ein Salpeterzusatz bei der Reingewinnung des Goldes im Kupellationsverfahren die erforderliche Zeitdauer abkürze, ist im Grunde kein großer Schritt.

[3] EDUARD FÄRBER: Die geschichtliche Entwicklung der Chemie, **1921**, s. auch E. v. LIPPMANN: Geschichte der Alchemie; Urzeugung und Lebenskraft, 1933; Zur Geschichte der Katalyse. Chemik.-Ztg **1929**, 22. Was die Natur nur allmählich vollbringt, das vermögen nach BARTHOLOMAEUS ANGLICUS (um 1230) und ALBERTUS MAGNUS (etwas später) Engel und Dämonen (und mit Hilfe letzterer auch Zauberer) in vollkommenerer Weise, indem sie gewisse natürliche Vorgänge *beschleunigen* („acceleration") nach der Art der Wunder der Zauberer am Hofe Pharaos. Wenn es für den Menschen durch lange Jahrhunderte eine ausgemachte Sache war, daß Würmer (gleichartig mit „Schlangen") in faulendem Holz usw. durch Urzeugung von selbst entstehen können, so liegt es nahe, die entsprechende „Hervorrufung" durch Zauberer als bloße „Beschleunigung" eines natürlichen Prozesses anzusehen; und W. OSTWALD hat dann mit seiner Stellungnahme: „hervorrufen" in Wirklichkeit = „beschleunigen" gewissermaßen nur eine alte magische Auffassung in wissenschaftliches Licht gesetzt. Von allen metallumwandelnden Mitteln soll die „Tinctur des Cajetan die reichste und importanteste gewesen" sein: denn „ein Theil tingirte über vierzigtausend Theile" (HANS v. OSTEN: Eine große Herzstärkung für Chymisten, 1771). Über die Wirkung des „Steines der Weisen" s. auch MARK: Wien. Vorträge **2**, 56 (1936); sowie „Alchemistische Transmutationsgeschichten aus Schmieders Geschichte der Alchemie" 1832, herausgegeben von HANS KAYSER 1923 (Chorus Mysticus); A. SÜSSENGUTH, Die Alchemie im Lichte des 20. Jahrhunderts, 1938.

[4] S. hierzu auch P. Walden: Aus der Naturgeschichte chemischer Ideen. Angew.Chem. **1927**, 657; Alte Weisheit und neues Wissen. Chemik.-Ztg **1936**, 565. Wie Sanctorio und Harvey als die ersten Jatrophysiker, so kann Paracelsus als Hauptbegründer der „Jatrochemie" gelten, der Vorläuferin der heutigen Biochemie und physiologischen Chemie. S. auch Bugge: Das Buch der großen Chemiker Bd. 1 (1929); P. Walden: Von der Jatrochemie zur Organischen Chemie. Angew. Chem. **1927**, 1; J. D. Achelis: Die Ernährungsphysiologie des 17. Jahrhunderts. Sitzgsber. Heidelberg. Akad. Wiss. **1938**, 3. Abt.

[5] S. Walden: Maß, Zahl und Gewicht in der Chemie der Vergangenheit (1931, Sammlung Ahrens). Ferner in Ostwalds Klassikern: Nr 3 Dalton und Wollaston (Atomtheorie 1803—08); Nr 8 Avogadro und Ampère (Molekulartheorie 1811—14); Nr 35 Berzelius (Gewichtsverhältnisse 1811 bis 1812). Der Begriff bestimmter „Verbindungen" konstanter „Zusammensetzung" (Proust) hatte sich um die Wende des Jahrhunderts gegen Mischungen, Lösungen und Legierungen mit variablen Proportionen (Berthollet) abgehoben und erfolgreich durchgesetzt. (Abschließend Berzelius 1818: Versuche über die chemischen Proportionen und über die chemische Wirkung der Elektrizität.)

[6] Über den Stand der „Gärungschemie" um das Ende des Jahrhunderts s. Briegleb 1781: Handb. d. allgem. Chemie Bd. 2, worin der Gärungschemie oder „Zymotechnie" 32 Seiten eingeräumt sind; ferner Lavoisier (1789) und Gay-Lussac (1815).

[7] „Die von Erman zuerst gesehene, von Döbereiner nochmals entdeckte, von Dulong und Thénard und von Faraday so glücklich verallgemeinerte Erscheinung steht jetzt an der Spitze einer großen und wichtigen Klasse natürlicher Wirkungen, der sog. katalytischen oder Kontakt-Wirkungen der Körper" (E. du Bois-Reymond: Reden 1886—87, Bd. II, S. 55ff. Gedächtnisrede auf Erman, 1853).

Die NH_3-Zersetzung an Metallen unter Brüchigwerden und Verfärben (insbesondere Fe und Cu) ist weiter untersucht worden von Ampère 1816, der zuerst ein Nitrid als Zwischenstufe annahm; dann von Savart 1827, der gleichfalls auf eine Zwischenverbindung (mit N oder H) schloß, und von Despretz 1829, der zum ersten Male Eisennitrid herstellte und analysierte, sowie Pfaff 1837.

[8] Schon 1775 hatte Théophile de Bordeu im Anschluß an Gedanken von van Helmont (S. 9) vermutet, daß von jedem Körperorgan besonders wirksame Substanzen in das Blut entsandt werden. Thénard selber hat sich ausgiebig mit der tierischen Galle beschäftigt und daraus bestimmte Stoffe zu isolieren gesucht.

[9] Eine Biographie Döbereiners fehlt immer noch. Im einzelnen s. Gutbier: Großherzog Karl August und die Chemie in Jena (Rektoratsrede), 1926; H. Döbling: Die Chemie in Jena zur Goethezeit, 1928; P. Walden: Goethe und die Chemie. Angew. Chem. **1930**, 792; Schade: Briefwechsel Goethe-Döbereiner. Weimar 1856; J. Schiff: Briefwechsel zwischen Goethe und Döbereiner. Weimar 1914; Döbereiner und Goethe, 1911; Goethes chemische Berater und Freunde. D. Rundschau **1913**, 450; Lockemann:

Goethes Beziehungen zur Chemie. Chemik.-Ztg **1932**, 225; Geitel: Entlegene Spuren Goethes, 1911; E. Theis: Döbereiners katalytische Sendung. Angew. Chem. **1937**, 46. S. auch Konversations-Lexikon Brockhaus 1852: „Der Zufall führte ihn in seinem 14. Jahre in das Laboratorium der Apotheke zu Münchberg, wo er so großes Interesse an zwei eben vorgenommenen chemischen Operationen (Destillation eines offizinellen Wassers und Darstellung des Spiritus sulphurico-aethericus) zeigte, daß der Laborant Veranlassung nahm, ihn zu fragen, ob er Apotheker werden wollte, welches er freudig bejahte." (Ein Jahr darauf begann er beim Besitzer jener Apotheke die Lehrlingstätigkeit.)

[10] Wichtigste katalytische Veröffentlichungen: „Über neu entdeckte, höchst merkwürdige Eigenschaften des Platins", Ende 1823 in Jena erschienen; ferner: „Beiträge zur pneumatischen Chemie", Teil 4 u. 5, 1824 bis 1825, von „Beiträge zur physikalischen Chemie". Grundriß der allgem. Chemie, 3. Aufl. 1826. Zur Chemie des Platins. Stuttgart 1836. J. prakt. Chem. **1**, 114 (1834).

[11] In Poggend. Ann. **64**, 14 (1844) sagt Döbereiner: „Die von mir in den Jahren 1821 und 1823 entdeckten dynamischen Eigenschaften des oxyphoren und des schwammigen Platins sind noch immer Lieblingsgegenstände meines Forschens in den Tagen, die der freien ungestörten wissenschaftlichen Tätigkeit, den akademischen Ferien, gewidmet sind." Und ähnlich früher (in seiner Chemie der Platins 1836): daß er fortfahren werde, „die heitersten Stunden seines Lebens diesem Metall experimentierend zu widmen".

[12] In einem Briefe an Goethe vom 1. Okt. 1823 berichtete Schweigger, Halle, daß die Tagung durch Döbereiners Mitteilung seiner Entdeckung, „die uns zur Kenntnis einer ganz neuen ‚Naturkraft' zu führen scheint", auf eine sehr glänzende Weise eröffnet worden sei. Berzelius bezeichnet in seinen J.B. 1823/25 Döbereiners Beobachtung als „die in jeder Hinsicht wichtigste und, wenn ich mich des Ausdrucks bedienen darf, brillanteste Entdeckung des vergangenen Jahres".

[13] Justus Liebig (1803—1873): Poggend. Ann. **17**, 107 (1829).

[14] Döbereiner ist, wie Goethe in einem Schreiben vom 7. Okt. 1827 (in seinem Dankschreiben für ein überlassenes Feuerzeug) rühmend hervorhebt, „aus Erfahrung selbst überzeugt, daß es eine höchst angenehme Empfindung sei, wenn man eine bedeutende Entdeckung irgendeiner Naturkraft technisch alsobald zu irgendeinem nützlichen Gebrauch eingeleitet sieht".

Wie das Beispiel Döbereiners zeigt, sind damals wiederholt Gedankenverbindungen hergestellt worden zwischen der „Kontaktwirkung" von Metallen in der galvanischen Kette und der später „katalytisch" genannten Kontaktwirkung in den Umsetzungen der Chemie.

[15] Christoph Schweigger (1779—1857), seit 1819 Professor der Physik und Chemie in Halle, Herausgeber des nach ihm benannten „Journ. f. Physik u. Chemie" (später „Jahrbuch"), ein Mann von universellem Wissen, klassischer Bildung und vielseitigen Interessen, mit Goethe in regem Ver-

kehr (s. SCHIFF: Schweigger und sein Briefwechsel mit Goethe. Naturwiss. **1925**, 555).

[16] Auch anderen Forschern wollte eine verbindende *und* zersetzende „Kraft" am gleichen Agens zunächst nicht recht einleuchten. So BERZELIUS 1824 (Jahresber. **4**, 20): Verbindung (Knallgaskatalyse) und Trennung (H_2O_2-Zersetzung) vom gleichen Platin ausgeübt, „sind ihrem Grunde nach schwer zu verstehen". (Ähnlich haben auch DULONG und THÉNARD diese „Überbrückung" zunächst nicht gefunden.)

[17] Vgl. auch PLEISCHL über die Wichtigkeit der feinen Verteilung, S. 16. Analoge Ausführungen finden sich ferner bei LIEBIG, der 1829 aus Versuchen DÖBEREINERS (s. S. 22) z. B. eine Absorption von 728 Volumen H_2 auf 1 Vol. Pt-Schwarz berechnet; feine Verteilung bewirke hohe Gasverdichtung und dementsprechend intensivere Reaktion, wie auch die Entzündung von feinverteiltem Fe an der Luft zeige (MAGNUS 1825). Aber auch „die Größe der Atome mag darauf nicht ohne Einfluß sein"! (In gleicher Weise erscheint VAN 'T HOFF 1895 der Zustand der Kondensation an Oberflächen der Wirkung eines sehr hohen Druckes vergleichbar.)

[18] M. FARADAY: Philos. Trans. **1834**; Poggend. Ann. **93**, 149 (1834); Ostwalds Klassiker Nr 87.

[19] Es heißt in der (nach OSTWALD) „meisterhaften" Arbeit von CLÉMENT und DESORMES: Ann. Chim. **59**, 329 u. 337 (1806): „Ainsi l'acide nitrique n'est que l'instrument de l'oxigénation complète du soufre; c'est sa base, le gaz nitreux, qui prend l'oxigène à l'air atmosphérique, pour l'offrir à l'acide sulfureux, dans un état qui lui convienne" — — „et le gaz redevenant libre se change de nouveau en acide rutilant, et les mêmes phénomènes recommencent jusqu'à ce que tout l'oxigène atmosphérique soit employé, ou tout l'acide sulfurique brûlé." (Muß das Stickoxyd Sauerstoff abgeben, weil dieser gebundene Sauerstoff der schwefligen Säure „zusagt", so kann er sich dafür — um einen weiteren anthropomorphen Ausdruck aus jenen Zeiten zu gebrauchen — an dem Sauerstoff der Luft „schadlos halten".)

[20] Endgültig hat WILLIAMSON, ein Schüler LIEBIGS, 1852 die Äthylschwefelsäure als Zwischenprodukt der Äthergewinnung nachgewiesen. In ähnlicher Weise wurde später (1877) von BERTHELOT die Amylenschwefelsäure als Zwischenglied der Umwandlung von Amylen in Diamylen unter dem Einfluß von H_2SO_4 erkannt.

[21] EILHARD MITSCHERLICH in Berlin (1794—1862), 2. Aufl. des „Lehrbuches der Chemie" 1833, sowie Poggend. Ann. **31**, 273 (1834).

[22] Die Bezeichnung „Katalyse" — von BERZELIUS der „Analyse" entgegengestellt und zu den Worten „dissolvo, destruo" in Beziehung gesetzt — erscheint ziemlich willkürlich (wollte ja DÖBEREINER lieber „metalytisch" gesagt haben). Daß das gleiche Wort bereits 1597 von LIBAVIUS in seiner „Alchymia" im Sinne einer „Zerstörung", „Zersetzung" gebraucht worden war, wird BERZELIUS nicht gewußt haben. S. hierzu E. v. LIPPMANN: Chemik.-Ztg **53**, 22 (1929).

[23] Vgl. MITTASCH: Berzelius und die Katalyse, 1935. Die Abhandlung „Einige Ideen über eine bei der Bildung organischer Verbindungen in der

lebenden Natur wirksame, aber bisher nicht bemerkte Kraft" war für BER-
ZELIUS' Lehrbuch der Chemie, 3. Aufl. (6. Bd., 1837 in WÖHLERS Übersetzung deutsch erschienen) bestimmt, vorher aber schon in dem „Jahres-
bericht" über 1834, erschienen 1836, veröffentlicht (Original der Schwed.
Akad. d. Wiss. übergeben am 31. März 1835) und weiterhin auch von
SCHUMACHER (in eigener Übersetzung) in sein „Jahrbuch für 1836", Stuttgart, aufgenommen. S. auch BERZELIUS' Brief an LIEBIG vom 10. April
1835. (Briefwechsel, herausgeg. von J. CARRIÈRE, 2. Aufl. 1898, S. 107.)

[24] Tatsächlich ist der in chemischer Hinsicht bei BERZELIUS gewissermaßen isoliert wie ein Felsblock dastehende Katalyse-Aufsatz in „unter-
irdischer" Verbindung mit seinen zeitlebens vorwiegenden physiologischen
Interessen. Es sind Fragen der „Lebenskraft", die ihn zu seiner „Intuition"
über die Allgewalt der Katalyse in der Natur geführt haben, und im Dienste
der Lebenskraft — die als „spiritus rector" des Lebens erscheint — läßt
BERZELIUS die Katalyse in den Organismen tätig sein. S. auch MITTASCH:
Katalyse und Lebenskraft. Umschau **1936**, 733, sowie WALDEN: Berzelius
und wir. Angew. Chem. **1930**, 325ff. Die dauernde Beachtung physiologischer Beziehungen zur Chemie verrät sich beispielsweise auch in der
folgenden Äußerung an WÖHLER 1837: „Ebenso muß es für den Harnstoff
ein katalysierendes Ding geben. Warum zersetzt sich der reine Harnstoff
nicht in Wasser, und warum verwandelt er sich im Harn in kohlensaures
Ammoniak?"

[25] Noch in späteren Zeiten hat sich zuweilen die Neigung gezeigt, Fälle,
bei denen ein Verlauf in ausgesprochener Aufeinanderfolge „normaler"
Einzelreaktionen einwandfrei nachgewiesen werden konnte, aus der „Elite"
echter und wahrer Katalysen auszuschließen. Z. B. KOBOSEW u. ANECHIN:
Z. physik. Chem. **13**, B. 63 (1931); H. S. TAYLOR: Chem. Rev. **9**, 1 (1931).

[26] S. hierzu auch E. THEIS: Pharmaz. Ind. **1935**, 568: Die Vorstellungen
vom Wesen der Katalyse im 19. Jahrhundert.

[27] W. CH. HENRY: Philos. Mag. (3) **6**, 352; Poggend. Ann. **36**, 150 (1835).

[28] Bereits 1828 hatte DE LA RIVE zusammen mit HARCET über die
oxydierende Wirkung von Pt und Pd auf Knallgas gearbeitet, jedoch noch
ohne hypothetische Vorstellungen über den Vorgang.

[29] KARL FRIEDRICH KUHLMANN (1803—81), in seiner Person eine
fruchtbare Synthese von chemischer Wissenschaft und Technik darstellend;
1823—54 Professor in Lille, Besitzer chemischer Fabriken (heute Etablisse-
ments Kuhlmann), Freund LIEBIGS, mit besonderen katalytischen Ver-
diensten auf dem Stickstoffgebiet (s. S. 43).

[30] LIEBIG: Über die Erscheinungen der Gärung, Fäulnis und Verwesung
und ihre Ursachen. Liebigs Ann. **30**, 250 (1839); Poggend. Ann. **48**, 106
(1839); J. prakt. Chem. **18**, 129 (1839). Eine Fortsetzung bildet: Über die
Gärung und die Quelle der Muskelkraft. Liebigs Ann. **153**, 1—47, 137—228
(1870). S. hierzu auch W. OSTWALD: Werdegang einer Wissenschaft S. 284
(1908).

Nachdem CAGNIARD DE LATOUR und SCHWANN gleichzeitig (1837) gezeigt hatten, daß die Hefe aus Kleinlebewesen (Sproßpilzen) bestehe, er-
kannte LOUIS PASTEUR (1822—95) die *biologische* Natur der Gärung, so

zu einer Art „vitalistischer Theorie“ gelangend, die erst durch EDUARD
BUCHNER 1897 mit der „chemischen Theorie“ dadurch endgültig in Ein-
klang gebracht wurde, daß er das wirksame „ungeformte Ferment“ aus
der lebenden Hefe (als „geformtem Ferment“) durch Auspressen abzu-
trennen vermochte. Zur Entwicklung der Gärungstheorien s. GRAEBE:
Geschichte der organischen Chemie S. 98ff., (1920), sowie die Fermentliteratur.

[31] Es ist von psychologischem Interesse, wie BERZELIUS und LIEBIG
sich in ihrem berühmten Katalyse-Streit gegenseitig den Vorwurf einer
Schädigung der Interessen der Wissenschaft machen; einerseits: voreilige
Schaffung eines allgemeinen Begriffes (L. gegen B.), andererseits: voreilige
Erklärungsversuche (B. gegen L.).

[32] Die Versuche zur synthetischen Herstellung von NH_3 beginnen mit
AUSTIN 1788 (Betonung des nascierenden Zustandes) und HILDEBRANDT
1795 (bei gewöhnlicher Temperatur und ohne Katalysator) und erstrecken
sich in bezug auf (vergebliche) Anwendung von Katalysatoren über den
ganzen Zeitraum von DÖBEREINER und KUHLMANN bis zu RAMSAY 1884,
LE CHATELIER und WILHELM OSTWALD. Spurenhaft ist NH_3 aus den Elementen auf katalytischem Wege zuerst mit Sicherheit erhalten worden von
PERMAN sowie HABER 1904. Näheres s. MITTASCH u. THEIS: Von DAVY
und DÖBEREINER bis DEACON, S. 185; MITTASCH: Chemik.-Ztg **1938**, 168,
sowie C. MÜLLER in ULLMANN: Enzyklopädie der techn. Chemie, 2. Aufl.,
1, 363.

[33] S. RAMSAY u. YOUNG: J. chem. Soc. (Lond.) **45**, 88 (1884); PERMAN
u. ATKINSON: Chem. News **90**, 13, 182 (1904); HABER u. VAN OORDT: Z.
anorg. Chem. **43**, 111 (1904); **44**, 341 (1905).

[34] KUHLMANN: Mémoire sur la nitrification. C. r. Acad. Sci. Paris **7**,
1107 (1838); Liebigs Ann. **29**, 272 (1839); auch gesammelte Abhandlungen
(MASSON 1847, Paris). An den bedeutsamen und von KUHLMANN schon in
seiner technischen Tragweite erkannten Versuch der NH_3-Oxydation hat
W. OSTWALD um die Jahrhundertwende angeknüpft. Über die weitere
Entwicklung s. CHR. BECK in Ullmanns Enzyklopädie der techn. Chemie,
2. Aufl., **9**, 5.

[35] Von LIEBIG wird irrtümlich angegeben (1839), daß ähnlich auch
elementarer Stickstoff, wenn er mit Wasserstoff gemischt sei, durch Sauerstoff oxydiert werden könne.

[36] G. MAGNUS: Poggend. Ann. **3**, 81 (1825). Die Arbeit ist bedeutsam,
weil hier gewissermaßen zum ersten Male eine stoffliche „Aktivierung durch
Tonerde“ beobachtet und studiert wurde, allerdings ohne katalytische Verwendung, die erst 85 Jahre später BOSCH und MITTASCH gelungen ist.

[37] WÖHLER u. MAHLA: Liebigs Ann. **81**, 255 (1852).

[38] HENRY DEACON (1822—76), Chemiker und Industrieller, mit GAS-
KELL 1855 Erbauer einer großen Anilinfabrik in Widnes, Lancashire, und
Begründer des „Deacon-Verfahrens“, s. Chem. News **22**, 157 (1870); auch
Wagners Jber. **1871**, 243 sowie BODLÄNDER in seiner Abhandlung über
langsame Verbrennung. Sammlung Ahrens **3**, 435 (1899).

[39] REISET u. MILLON: Ann. chim. phys. (3) **8**, 280 (1843).

[40] Vorher hat schon Butlerow bei dem Versuch, Methylenglykol herzustellen, Formaldehyd erhalten und beschrieben, jedoch ohne genaue Erforschung; s. J. chem. Educat. **10**, 546 (1933).

[41] Nach Bernthsen [Ber. dtsch. chem. Ges. **45**, 6 (1912)] hat H. Caro schon vor Lightfoot Anilinschwarz auf der Faser erzeugt, und noch früher (1834) hat Runge in ähnlicher Weise mittels Anilin und $CuCl_2$ das Gleiche erreicht. Lauth schlug 1864 Schwefelkupfer vor. S. auch Graebe: Gesch. d. Chemie, S. 217; Lightfoot: Bull. Soc. Ind. Mulhouse **1863** u. **1871**. Noch hier bleibt die Frage offen, ob die Wirkung des Cu „eine elektrische, eine katalytische oder bloß ein Oxydationseffekt" sei. Als stärkster Katalysator wird Vd angegeben, dann folgen Cu, U, Fe usw. (29 Metalle werden aufgezählt). S. auch A. Guyard: Bull. **25**, 58 (1876), wonach bei dieser „mysteriösen" katalytischen Reaktion Vd-Salze 1000mal stärker wirken als Cu, und 1 Tl. Vanadinchlorür genüge, 1000 Tle. salzsaures Anilin mit Bichromat oder Chlorat in Schwarz zu verwandeln. Nach Sabatier und G. Witz [C. r. Acad. Sci. Paris **83**, 348 (1876)] reicht $^1/_{100\,000}$ bis $^1/_{20\,000}$ Vd für 1 Tl. Anilinchlorhydrat; die Oxydationsgeschwindigkeit ist der angewendeten Menge Metall proportional. Ferner Rosenstiehl: Ann. chim. phys. **8**, 561 (1876); Nietzki: Ber. dtsch. chem. Ges. **11**, 1101 (1878). Für die Wirkung von Vd nimmt Guyard 1876 eine abwechselnde Oxydation und Reduktion des Vermittlers an.

[42] Insbesondere dürfen Kondensationen mit $AlCl_3$ (oder mit Al + HCl) nicht durchweg und unbesehen als typische Katalysen angesprochen werden, wenn ein unverändertes Hervorgehen der vermittelnden Substanz aus der vermittelten Reaktion mit der Fähigkeit unmittelbaren Repetierens nicht zu konstatieren ist. Liegt beispielsweise der Fall vor, daß bei der Kondensation H_2O-Molekeln frei werden, die $AlCl_3$ in Oxychlorid usw. überzuführen vermögen, so bedarf es zur Durchführung der Reaktion $AlCl_3$-Mengen, die in bestimmten stöchiometrischen Verhältnissen zum umgesetzten Substrat stehen. Das aber widerspricht der Kennzeichnung typischer „echter" Katalyse, und es liegt dann — ähnlich wie bei den Induktionen — ein Grenzfall vor, der nur durch schärfste reaktionskinetische Zergliederung genau beschrieben werden kann. Zu „Katalyse" mit stöchiometrischen Verhältnissen s. auch R. Kuhn: Chemik.-Ztg **1937**, 17. Im ganzen sind jene Kondensationen reaktionskinetisch noch zu wenig untersucht, als daß der gesamten Gruppe (oder auch nur der Mehrzahl) ein bestimmter Charakter (Katalyse, Induktion oder noch etwas anderes) zugesprochen werden könnte. S. auch G. Kränzlein: Aluminiumchlorid in der organischen Chemie, 2. Aufl. 1932; Nenitzescu: Katalyse durch Aluminiumchlorid. Angew. Chem. **1939**, 231. „In der Friedel-Craftsschen Kohlenwasserstoffsynthese hat das Aluminiumchlorid eine wahre, unverschleierte katalytische Wirkung" (S. 235).

[43] M. Berthelot u. Péan de St. Gilles: Recherches sur les affinités, (1862); Menschutkin: Z. physik. Chem. **6**, 436 (1890). S. weiter v. Halban, Dimroth, H. G. Grimm u. a.

[44] Über die Ausweitung der Katalyse in der organischen Chemie in unserem Jahrhundert s. P. Sabatier: Die Katalyse in der organischen Chemie. Deutsche Ausgabe 1927 (Finkelstein-Häuber); W. N. Ipatiew:

Aluminiumoxyd als Katalysator in der organischen Chemie, 1929; BRÜCKNER: Katalytische Reaktionen in der organisch-chemischen Industrie, I u. II, 1930.

[45] J. MERCER ist der Urheber des nach ihm benannten Mercerisierungsverfahrens der Baumwolle. Seine katalytischen Gedanken s. in Report of the twelfth meeting of the British Association for the advancement of science 1842. — PLAYFAIR (Schüler LIEBIGS und GRAHAMS, mit Beziehungen zu BUNSEN): Mem. a. Proc. chem. Soc. **3**, 348 (1848). — HENRY DEACON (s. Anm. 38): Engl. Patente von 1871 zum SO_3-Prozeß; Chem. News **1870** und Wagners Jber. **1871** hinsichtlich der HCl-Oxydation.

[46] KEKULÉ: Über die Konstitution und die Metamorphosen der chemischen Verbindungen und über die chemische Natur des Kohlenstoffs. Liebigs Ann. **106**, 141 (1858).

[47] Eine streng mechanistische Auffassung katalytischer Vorgänge entwickelt C. G. HÜFNER in dem Artikel „Katalyse", den er für Fehlings „Neues Handwörterbuch der Chemie" 1878 schrieb; s. Bd. **3**, S. 944: „Dehnung" von Molekeln, nicht Zerreißung, durch katalytischen Einfluß. Ähnlich auch MENDELEJEFF sowie RASCHIG („Deformation" von Molekeln).

KARL FRIEDRICH MOHR, bedeutender Analytiker und Freund LIEBIGS (1806—79): Mechanische Theorie der chemischen Affinität, 1867. (Siehe auch Brief an LIEBIG vom 31. Okt. 1867, an R. MAYER vom 8. Jan. 1868.) LOTHAR MEYER (1830—95): Die modernen Theorien der Chemie. 1. Aufl. 1864, 4. Aufl. 1883. Eine kritische Behandlung der ganzen Atomtheorie jener Zeit gibt THEODOR FECHNER (1801—87) in seiner „Physikalischen und Philosophischen Atomenlehre" 1864.

Der Gegensatz von äußerlich mechanistischer Atomistik zu einer verinnerlichten — in der Regel „elektrischen" — Interpretation wird durch einen Ausspruch von DUMAS gut gekennzeichnet: „Herr BERZELIUS schreibt also der Natur der Elemente die Rolle zu, welche ich ihrer Lagerung zuerteile: dies ist der Hauptpunkt unserer respektiven Ansichten."

[48] S. hierzu auch MITTASCH: Katalyse und Determinismus, 1938; auch Erg. Enzymforsch. **7**, 412 (1938): Hauptperioden der katalytischen Forschung.

[49] Nach BOERHAVE (um 1720) ist die Affinität da am größten, wo sich Eigenschaften entgegengesetzter Natur ausgleichen können. Demgemäß erblickt v. GROTTHUSS in „Spannungsunterschieden" ein Maß der chemischen Affinität; das Wechselspiel der Atome beruht auf Polarität. BERZELIUS' elektrochemische Theorie fußt auf Arbeiten von 1803 ab (mit HISING); s. auch H. DAVYS elektrochemische Untersuchungen ab 1807 (Ostwalds Klassiker Nr 45) und J. W. RITTER, der der „Kontakttheorie" VOLTAS eine chemische „Umsetzungstheorie" gegenüberstellte. Zusammenfassend: J. BERZELIUS: Versuche über die chemischen Proportionen und über die chemische Wirkung der Elektrizität, 1818; weiterhin FARADAY mit Gleichsetzung chemischer und elektrischer Kräfte. (Die chemische Theorie des Galvanismus wurde verfochten von RITTER, DE LA RIVE, FARADAY gegen VOLTA, OHM, FECHNER.)

Berzelius hegte die Vermutung, „daß Affinität und Elektrizität nicht dieselben Dinge seien, obwohl sie in gegenseitiger Abhängigkeit von einander stehen" (Brief an Schönbein vom 28. März 1839). Eine scherzhaft anthropistische Beschreibung vom Leben, Lieben und Treiben der Atome, beobachtet in „Versuchsstationen zur wissenschaftlichen Mißhandlung von Molekülen", gibt H. Kopp 1882 „Aus der Molekularwelt", 3. Aufl. 1886 (Gratulationsschrift für Robert Bunsen).

[50] Angelo Bellani in Mailand: Giorn. fisica di Pavia (2) 7, 138 (1824); Ambrogio Fusinieri in Vicena: Giorn. fisica di Pavia (2) 7, 133ff. (1824); 8, 259 (1825); 9, 46 (1826). Der Geist Voltas erscheint in beiden Forschern lebendig. Der „status nascens" war schon im Ausgange des 18. Jahrhunderts als ein die chemische Verbindung erleichternder Umstand erkannt worden (z. B. Austin 1788 in bezug auf NH_3-Bildung).

[51] Über den Stand der Theorie der Adsorption um 1900 s. Mülfarth: Drudes Ann. 3, 328 (1900); Ostwald: Lehrb. d. allg. Chemie 1, 1088ff.; Nernst: Theoretische Chemie. 1. Aufl. 1893. Hinsichtlich der Zusammenhänge von Absorption, Adsorption und Diffusion s. Kubaschewski: Z. Elektrochem. 44, 152 (1938). Schon Berzelius hat z. B. die hemmende Wirkung von Selen auf eine Adsorption zurückgeführt, die ähnlich derjenigen von Farbstoff auf dem Stoffgewebe sei.

[52] Fulham: An Essay on Combustion. London 1794; Auszug in Ann. Chim. 26, 58 (1798); s. auch Mellor: J. physic. Chem. 7, 329 (1906).

[53] Über die vermittelnde Tätigkeit von Wasserspuren bei chemischen Umsetzungen s. weiter Baker: Chem. Soc. Trans. 47, 349 (1885); Chem. News 69, 270 (1894), sowie — für das 19. Jahrhundert abschließend — Bodländer: Über langsame Verbrennung, 1899.

[54] Ähnlich kurz zuvor in J. prakt. Chem. 55, 1 (1852). Biographie Schönbeins von Kahlbaum u. Schaer I. II. (1899 u. 1901); s. ferner Färber in Bugges „Buch der großen Chemiker" I. (1930); auch Briefwechsel mit Liebig (herausgegeben von Kahlbaum u. Thun).

[55] „Dunkle Körperstrahlen" anzunehmen war Schönbein nahegelegt durch die damals vielbesprochenen „Hauchbilder", die von ihrem Entdecker Moser auf unsichtbare Strahlen zurückgeführt wurden, aber aus der Überlieferung ebenso verschwunden sind wie die „Od-Strahlung" von K. v. Reichenbach und die späteren „Blondlot-Strahlen". Nach genaueren Feststellungen handelt es sich vielfach um eine spurenhafte Bildung von H_2O_2, das auf die photographische Platte einzuwirken vermag.

[56] Aus dem umfangreichen Schrifttum Schönbeins sei besonders hervorgehoben: Poggend. Ann. 43, 1 (1838), 47, 563 (1839); J. prakt. Chem. 29, 238 (1843); Beitr. physik. Chem. 1844; Poggend. Ann. 67, 243 (1846) (Über einige chemische Wirkungen des Platins); J. prakt. Chem. 65, 96 (1855) (Über einige Berührungswirkungen); Poggend. Ann. 100, 1 (1857) (Über den Zusammenhang der katalytischen Erscheinungen mit der Allotropie); Poggend. Ann. 100, 292 (1857), 105, 258 (1858), 109, 136 (1860) (Fortgesetzte Untersuchungen über den Sauerstoff); J. prakt. Chem. 82, 231 (1861), 84, 213 (1861), 89, 323 (1863), 105, 198 (1868) (Über die kata-

lytische Wirksamkeit organischer Materien und deren Verbreitung in der Pflanzen- und Tierwelt).

[57] FRIEDR. CHRISTIAN LUDWIG KESSLER (1824—96): Poggend. Ann. **119**, 218 (1863); s. weiterhin J. TRAUBE, ENGLER, J. WAGNER, SCHAER, MANCHOT; ferner vor allem LUTHER u. SCHILOW: Z. physik. Chem. **46**, 777 (1903). Über den gegenwärtigen Stand s. SKRABAL, BREDIG, FRANKENBURGER u. a. m.

[58] LUDWIG WILHELMY in Heidelberg (1812—64): Poggend. Ann. **81**, 413, 499 (1850); Ostwalds Klassiker Nr 29. Eine eingehende Würdigung dieser ersten Anwendung des „kinetischen Massenwirkungsgesetzes" gibt W. OSTWALD in seinem „Werdegang einer Wissenschaft" 1908, S. 258.

[59] Über die Entwicklung der chemischen Statik und Kinetik im 19. Jahrhundert s. W. OSTWALD in seinem „Werdegang einer Wissenschaft", 1908.

[60] Über HORSTMANNs Werk s. TRAUTZ: Ber. dtsch. chem. Ges. **63**, 61 (1930). Seine grundlegenden Abhandlungen zur Thermodynamik chemischer Vorgänge (1869ff.) hat VAN 'T HOFF in Ostwalds Klassiker Nr 137 zusammengefaßt. OSTWALD hat 1885 und 1902 (1. u. 2. Aufl. seines Lehrbuches) auf diese Vorarbeit von HORSTMANN ausdrücklich hingewiesen.

[61] Über die „Vorgeschichte der Enzymologie" s. FÄRBER: Enzymologia **1937**, 13; über die Geschichte der Gärung GRAEBE: Geschichte der organ. Chemie, 1920. Daß Hefe aus mikroskopischen Lebewesen besteht, zeigten unabhängig voneinander CAGNIARD LATOUR in Paris und THEODOR SCHWANN in Berlin und FRIEDRICH KUTZING in Nordhausen (sämtlich um 1837). BERZELIUS, WÖHLER und LIEBIG verhielten sich ablehnend gegen die vitalistische Gärungstheorie.

[62] S. ferner TAMMANN: Über die Wirkung der Fermente. Z. physik. Chem. **3**, 25 (1889). Hier werden, auf der Grundlage einer Analogie von katalytischen und fermentativen Reaktionen, auch die durch Mikroorganismen hervorgerufenen Vorgänge behandelt. Vgl. auch WUNDT 1914: „Die Traubenzuckergärung ist Katalyse, Fermentwirkung und Lebensprozeß zumal." Zur Kritik der älteren Fermentliteratur s. W. OSTWALD (hinsichtlich OPPENHEIMER) in Z. physik. Chem. **34**, 509 (1900), **47**, 127 (1904); und BREDIG (hinsichtlich BOKORNY u. a.) im Zbl. Bakter. **19**, 485 (1907).

[63] Unter katalytischem Gesichtspunkt behandelt werden die Enzymvorgänge von W. FRANKENBURGER: Katalytische Umsetzungen in homogenen und enzymatischen Systemen, 1937; G. M. SCHWAB: Die Katalyse vom Standpunkt der chemischen Kinetik, 1931. Einen kurzen Abriß der gegenwärtigen Enzymkenntnisse gibt TH. BERSIN: Kurzes Lehrbuch der Enzymologie, 1938. S. auch MYRBÄCK: Enzymatische Katalysen, 1931; ferner W. LANGENBECK: Die organischen Katalysatoren und ihre Beziehungen zu den Fermenten, 1935.

[64] A. WOHL: Angew. Chem. **1928**, 897. S. auch E. v. LIPPMANN: Urzeugung und Lebenskraft, 1933; A. MITTASCH: Über katalytische Verursachung im biologischen Geschehen, 1935, Über Katalyse und Katalysatoren in Chemie und Biologie, 1936, Katalyse und Lebenskraft. Umschau **1936**, 733, Katalyse und Determinismus, 1938, auch Erg. Enzym-

forsch. **1938**, 377. „Lebenskraft" ist für LIEBIG „die Ursache der Entstehung und Entwicklung jener pflanzlichen und tierischen Formen, die sich von den geometrischen Gestalten der Mineralien durchaus unterscheiden". S. auch SCHOPENHAUER: „Wer die Lebenskraft leugnet, leugnet im Grunde sein eigenes Dasein, kann sich also rühmen, den höchsten Gipfel der Absurdität erreicht zu haben." Schließlich MÜLLER-FREIENFELS (1930): „Es galt lange als unwissenschaftlich, von Lebenskraft, Finalität und ganzheitlicher Gestaltung zu sprechen." Und v. UEXKÜLL: „Alle Pläne gehören einer überwältigend großen Planmäßigkeit an, die man bisher abzuleugnen bestrebt war; das war sehr bequem, ist aber heute nicht mehr zulässig."

[65] Stärkezuckerfabriken auf Grund der KIRCHHOFFschen Beobachtungen (S. 6) sind, begünstigt durch die Kontinentalsperre, um 1812 mehrfach entstanden. DÖBEREINER z. B. erhielt ein großherzogliches Patent zur Betreibung einer solchen Fabrik, „weil alle Welt hier nach Stärkezucker und Stärkesyrup schreit". Die in Tiefurt eröffnete Fabrikation wurde jedoch schon 1813 geschlossen, nachdem die Kontinentalsperre aufgehoben war (P. WALDEN: Goethe als Chemiker und Techniker, 1932).

In bezug auf Einzelheiten über die Anfänge technischer Katalyse sowie bei der Entwicklung der ersten großindustriellen Katalysen (Schwefelsäureprozeß, Deacon-Prozeß, Ammoniakoxydation zu Salpetersäure und synthetisches Ammoniak) s. MITTASCH u. THEIS: Von Davy und Döbereiner bis Deacon, 1932. Über die Katalyse in der chemischen Technik s. weiterhin MITTASCH: Chemik.-Ztg **1934**, 305; G. WIETZEL u. A. SCHEUERMANN: Chemik.-Ztg **1934**, 737; A. HESSE (über technische Enzymkatalysen): Chemik.-Ztg **1934**, 569; DOHSE: Chem. Fabrik **1938**, 133; FRANKENBURGER u. DÜRR über „Katalyse" in Ullmanns Enzyklopädie der techn. Chemie, 2. Aufl. 1928; T. P. HILDITCH: Catalytic Processes in Applied Chemistry, 2. Aufl. 1937 (Deutsch: Die Katalyse in der angewandten Chemie, 1932). Eine starke Berücksichtigung katalytischer Verfahren findet sich auch bei ALBRECHT SCHMIDT: Die industrielle Chemie, 1934.

[66] Für die Farbstoffindustrie insbesondere s. auch GRAEBE: Geschichte der organischen Chemie, 1920; E. v. MEYER: Geschichte der Chemie, 1905; H. CARO: Ber. dtsch. chem. Ges. **24**, 1944, **25**, 155; H. BRUNCK: Ber. dtsch. chem. Ges. **33**, Anh. 5 (1900); R. KNIETSCH: Ber. dtsch. chem. Ges. **34**, 4069 (1901); R. E. SCHMIDT: Angew. Chem. **1928**, 41, 80. Besonders beachtlich erscheint sein DRP. 149801 von 1902 (Farbenfabriken Bayer-Elberfeld): Anthrachinon-monosulfosäure durch Sulfonieren von Anthrachinon in Gegenwart von Hg. „Zur Erzielung dieses Ergebnisses genügen schon ganz kleine Mengen Hg, so daß die Wirkung des letzteren als eine sog. katalytische aufgefaßt werden kann." Einzeldarstellungen zur Geschichte der technischen Katalyse s. auch ELLIS: Hydrogenisation of organic Substances, 3. Aufl. 1930; G. KRÄNZLEIN: Aluminiumchlorid in der organischen Chemie, 2. Aufl. 1930.

[67] Vgl. OSTWALDS Absage an die Atomistik in „Überwindung des wissenschaftlichen Materialismus", 1895, unter dem Leitgedanken: „Du sollst dir kein Bildnis oder Gleichnis machen!" (Abhandlungen und Vorträge **1916**, 220). Hier und weiterhin hat W. OSTWALD an die Stelle einer Mecha-

nistik der Atome eine begriffsklare und hypothesenfreie *Energetik* setzen wollen, die sich lediglich auf Thermodynamik und Phasenlehre zu gründen hätte (s. auch den „Positivismus" von WALD, MACH u. a.). Indes ist einer modifizierten und kritisch gesäuberten Korpuskulartheorie, welche auf die von OSTWALD lange Zeit hindurch bekämpfte „Atomfiktion" nicht verzichtet, auf die Dauer größere Fruchtbarkeit in Fragestellung und Voraussage beschieden gewesen als jener zeiträumlich-„anschauliche" Hilfsvorstellungen preisgebenden puritanisch-positivistischen Energetik mit ihren Intensitäts- und Kapazitätsfaktoren. S. auch G. HELM: Die Energetik, 1898; W. OSTWALD über „Energetik" in „Abhandlungen und Vorträge", 1916, sowie „Philosophie der Werte", 1913; A. MITTASCH: Über Fiktionen in der Chemie. Angew. Chem. **1937**, 423.

[68] Später hat NERNST sein „Wärmetheorem" als dritten Satz der Thermodynamik hinzugefügt (1906), das zunächst in gewissem Grade und neuerdings auf Grund von Spektraldaten auch genau eine rechnerische Bestimmung des absoluten Wertes von Gleichgewichtskonstanten aus bestimmten Stoffkonstanten erlaubt.

[69] Ein großer Teil des von uns wiedergegebenen Stoffes (z. B. DÖBEREINERS und BERZELIUS' Werk, BELLANI und FUSINIERI, MERCER, PLAYFAIR, DEACON) ist erst später wieder allmählich ausgegraben worden, teilweise schon durch OSTWALD selber. Die Geringschätzung, welche die emsige katalytische Forschung von Jahrzehnten in manchen Kreisen der organischen Chemie zeitweise erfuhr, offenbart sich so recht in einer Bemerkung von HLASIWETZ und KACHLER über die Wirkung des Camphers auf CS_2 und NH_3: „Er wirkt also hier, um eine etwas veraltete Bezeichnung zu gebrauchen, nur katalytisch oder durch Kontakt." (Hinsichtlich der geschichtlichen Erfüllung des „OSTWALDschen Imperativs": „Vergeude keine Energie!" kann es trüb stimmen, wenn man hier an einem hervorragenden Beispiele sieht, wieviel einmal Gefundenes infolge ungenügender Beachtung und „Dokumentierung" verlorengeht und immer wieder neu entdeckt werden muß; s. hierzu auch M. PFLÜCKE über „Dokumentation". Angew. Chem. **1937**, 955, sowie E. PIETSCH: Sinn und Aufgaben der Geschichte der Chemie. Angew. Chem. **1937**, 939.)

[70] W. OSTWALD hat nach BREDIG „die halbvergessenen Erscheinungen der Katalyse wieder ausgegraben und ihr Wesen und ihre ungeheure Bedeutung für Technik und Biologie unermüdlich betont". Er selber bezeichnet diese Forschung der Katalyse als seine „selbständigste und folgenreichste chemische Leistung". Hierfür und für seine grundlegenden Untersuchungen über chemische Reaktionsgeschwindigkeit hat OSTWALD auch den „Nobelpreis 1908" erhalten. — Der endgültige „Friedensschluß" mit Atomistik und kinetischer Gastheorie wird durch den Satz gekennzeichnet: „Somit darf man die kinetische Gastheorie als eine wissenschaftlich begründete Theorie ansehen" (1913).

[71] 1884 erschienen in Amsterdam die berühmten „Etudes de Dynamique Chimique" von VAN 'T HOFF, 2. Aufl., ins Deutsche übersetzt von COHEN. Im Jahre 1884 schrieb auch ARRHENIUS seine Doktordissertation „Untersuchungen über die Leitfähigkeit der Elektrolyte" (Ostwalds Klassiker

Nr 160), die 1887 in der Abhandlung „Über die Dissoziation der in Wasser gelösten Stoffe" (unter Verwertung von VAN 'T HOFFS „osmotischem Druck" in Lösungen, 1885, Ostwalds Klassiker Nr 110) weitergeführt wurden. Siehe auch Vorlesungen über theoret. u. physikal. Chemie I. (1898).

In bezug auf Biographisches s. für VAN 'T HOFF: E. ABEL: Österr. Chemik.-Ztg **1931**, Nr 7; COHEN: Jacobus Henricus van 't Hoff, sein Leben und Wirken. Ostwalds Sammlung „Große Männer" **3**, 368 (1912); auch „Abhandlungen u. Vorträge" 1916, S. 404.

Für ARRHENIUS: RIESENFELD: Svante Arrhenius, 1931; W. OSTWALD: Nachruf. Chemik.-Ztg **1927**, Nr 31; P. WALDEN: Desgl. Naturwiss. **1928**, 325; LORENZ: Angew. Chem. **1927**, 1461.

P. SABATIER: Die Hydrierung durch Katalyse, Nobelpreisvortrag 1913; Die Katalyse in der organischen Chemie. Deutsche Übersetzung und Bearbeitung von FINKELSTEIN u. HÄUBER, 2. Aufl. 1927. W. N. IPATIEW, ORLOW u. PETROW: Aluminiumoxyd als Katalysator in der organischen Chemie, 1929.

[72] S. hierzu W. OSTWALD: Grundriß der allgem. Chemie, 3. Aufl. 1899, S. 514; Werdegang einer Wissenschaft, 1908, Kapitel „Affinität" und Chemische Dynamik; „Lebenslinien", 3 Bände, 1926ff. Vortrag über „Katalyse", 1907 (Vers. Dtsch. Naturf. u. Ärzte), auch: Abhandlungen u. Vorträge 1916, S. 71, Ostwalds Klassiker Nr 200; Nobelpreisvortrag „Über Katalyse", 1909; Z. physik. Chem. **15**, 705 (1894); Ann. Naturphil. **1**, 95 (1902) u. a. m. P. WALDEN: Wilhelm Ostwald, 1904; Nachruf auf Ostwald. Ber. dtsch. chem. Ges. **65**, 101 (1932); R. LUTHER desgl. Ber. sächs. Akad. Wiss., Mathem.-physik. Kl. **85** (1933); P. GÜNTHER: Angew. Chem. **1932**, 489.

Ab 1883 veröffentlichte OSTWALD „Studien zur chemischen Dynamik" (zunächst im J. prakt. Chem.); zugleich begann er sein „Lehrbuch d. allgem. Chemie" zu schreiben, mit dem wichtigen Band über „Verwandtschaftslehre". Ab 1887 erschien die neue Z. physikal. Chem., von OSTWALD mit VAN 'T HOFF herausgegeben. Schon der erste Band enthielt zwei Originalarbeiten zur Katalyse: KONOWALOW über den Essigester des tertiären Amylalkohols, dessen Zersetzung durch Essigsäure begünstigt wird, und ARRHENIUS über den Einfluß von Neutralsalzen auf die Verseifung von Äthylacetat; dazu verschiedene Referate von OSTWALD über reaktionskinetische und katalytische Arbeiten.

NERNST datiert den Beginn der neuen „physikalischen Chemie" von 1885: VAN 'T HOFF über den Zustand von Stoffen in Lösung und W. Ostwalds Lehrbuch d. allgem. Chemie, 1. Bd.

[73] Im Bd. II des „Lehrbuchs d. allgem. Chemie" (1887) ist die chemische Verwandtschaft „mit ganz besonderer Liebe" dargestellt. „Das Gesetz der Massenwirkung, die mechanische Wärmetheorie und die kinetische Molekulartheorie führen alle zu den gleichen allgemeinen und besonderen Formeln der chemischen Mechanik und gewähren dem Gebäude derselben eine dreifache Sicherheit."

[74] Schon ALEXANDER V. HUMBOLDT hatte 1803, im Anschluß an eudiometrische Luftanalyse, die Frage aufgeworfen: „Würde sich der im Wasser aufgelöste Wasserstoff mit dem Sauerstoff vereinigen, wenn man ihn mehrere Monate darin ließe?" [Kleinere Schriften **1**, 368 (1853).] In bezug

auf $N_2 + H_2$ sind analoge Versuche einer Synthese von G. Fr. Hildebrandt 1795, und von Biot und Delaroche 1811 sowohl mit $N_2 + O_2$ wie
mit $N_2 + H_2$ durch Herabsenken von einseitig geschlossenen Glasrohren
mit jenen Gasgemischen in 250—540 m Meerestiefe ausgeführt worden.

[75] Dagegen behalten andere Autoren die „duale" Definition bei: „erzeugen *oder* beschleunigen". „Eine Reaktion beschleunigen oder einleiten,
ohne daß der betreffende Stoff dabei geändert wird" (van 't Hoff 1898);
oder: „den Verlauf einer Reaktion beschleunigen, die auch ohne den Katalysator stattfinden könnte" (Nernst 1898). Ein Katalysator ist ein Stoff,
durch dessen Gegenwart eine thermodynamisch mögliche, „aber nicht oder
mit kleiner Geschwindigkeit vor sich gehende Reaktion beschleunigt wird"
(Michaelis); Katalysieren heißt: „Reaktionen beschleunigen oder hervorrufen" (Willstätter) u. a. m.

Bei Driesch („Naturbegriffe und Natururteile" 1904) heißt es: „Der
Begriff der Beschleunigung steht im Mittelpunkt des Interesses, ja eine
Zeit lang neigte die Ostwaldsche Schule wohl gar dazu, *nur* in dieser
Beschleunigung auch sonst von selbst verlaufender Reaktionen das eigentliche Grundkennzeichen katalytischer Vorgänge zu erblicken". Dagegen
kommt nach Driesch auch ein „Ermöglichen" durch Beseitigung von
Widerständen in Betracht. Demgemäß werden *Enzyme* definiert als
„chemische Verbindungen, welche chemische Reaktionen ermöglichen, die
in ihrer Abwesenheit entweder gar nicht oder sehr langsam geschehen
würden". Auch E. v. Lippmann hat sich schon früh gegen die einseitige
Festlegung auf „Beschleunigung" gewendet.

Demgegenüber hat Ostwald wiederholt die Zuspitzung des Katalysebegriffes auf die „Beschleunigung" (die er selber an das Jahr 1888 knüpft)
sowohl als theoretisch einwandfrei wie auch als praktisch bedeutsam erklärt, zumal da nach seiner Meinung gerade das „Mystische", das im „Hervorrufen" oder „Erzeugen" durch bloße Gegenwart liege, die „Katalyse"
in Mißkredit gebracht hätte, so daß eine Zeitlang ein Chemiker, der das
Wort anzuwenden „wagte", darob „sich entschuldigen zu müssen glaubte"
(Abhandlungen u. Vorträge 1916, S. 460).

[76] Ähnlich heißt es bei G. M. Schwab (1931), daß auch die Lenkung
des Systems in neue Reaktionsbahnen nichts anderes sei als „ein Erhöhen
der Geschwindigkeit auf dieser an sich schon möglichen Bahn bis in den
Bereich der Meßbarkeit". Dagegen ist zu sagen: All dies gilt nur für sum-
marische Betrachtung der Gesamtreaktion. Faßt man die *katalytischen
Urakte* als „Wurzel" des katalytischen Gesamtvorganges ins Auge, so ist
es undenkbar, wie eine Teilreaktion $A + K$ (K = Katalysator) stattfinden
könne, wenn K nicht anwesend ist. Wohl aber kann die Urreaktion $A + K$
an vorhandene vorlaufende „unkatalytische" Teilakte anschließen. „In der
Bilanz ist alles Beschleunigung" (Bredig).

Einen wichtigen Fall katalytischer Reaktionslenkung hat R. E. Schmidt
1895 (s. S. 83) festgestellt, indem er beobachtete, daß Anthrachinon mit
Schwefelsäure in Abwesenheit von Hg nur eine gewisse Sulfurierung in
β-Stellung erfährt, während mit Hg die Sulfogruppe rasch und ausgiebig
in die α-Stellung eintritt.

[77] Die Gleichheit des Ausdruckes „beschleunigen" in Mechanik und Katalytik darf nicht dazu verführen, über die äußere Analogie hinaus eine innere Gleichheit anzunehmen: eine kinetische „Beschleunigung" von Massen entspricht einem wohldefinierten Kraftaufwand oder einem energetischen Impulse; die katalytische „Beschleunigung", in brutto betrachtet, ist indes energetisch bilanzfrei, da sie nur „latente Energien" des Systems auslöst und richtet („Anlaß- oder Anstoßkausalität"). S. auch W. Ostwald: Das Problem der Zeit (1898) in „Abhandlungen u. Vorträge" 1916, S. 241; ferner „Über Katalyse", Ostwalds Klassiker Nr 200, S. 18.

Von Unbestimmtheit des Katalysebegriffes in jenen Zeiten für Fernerstehende legt ein Ausspruch von A. Riehl Zeugnis ab: „Solche katalytisch genannte Auslösungen oder Kontakteinflüsse, deren Wirkung lediglich in der zeitlichen Regulierung, Beschleunigung oder Verzögerung der ihren Einflüssen unterliegenden Prozesse zu bestehen scheint, müßten daher eine tatsächliche Ausnahme von dem quantitativen Gesetze der Energieumwandlung bilden. Doch läßt sich dies zur Zeit nicht mit Sicherheit behaupten, da Fälle bekannt sind, bei welchen die katalysierende Substanz selbst an der Umsetzung beteiligt ist, wenn sie auch nach Abschluß des Prozesses in unveränderter Menge wieder erscheint" (Sigwart-Festschrift 1900). „Energetisch muß sich ein Katalysator beteiligen, wenn er wirklich Geschehen ermöglicht", heißt es bei Driesch noch 1904.

[78] Über „falsche Gleichgewichte" s. erste Arbeiten von Bodenstein; zur Frage von „Gleichgewichtsüberschreitungen" Mittasch: Z. physik. Chem. **40**, 39ff. (1902); über „einseitige Katalyse" E. Baur u. a.

[79] Zur Zwischenreaktions-Theorie s. Trautz: Chemische Kinetik im Handwörterbuch d. Naturwiss., 2. Aufl., **2**, (1932); Lehrbuch d. Chemie **3**, (Umwandlungen) (1924); ferner Bredig, Schwab u. a. Nachdem früher schon Schönbein betont hatte, daß *jeder* chemische Vorgang über Teilreaktionen verlaufe, hat namentlich Trautz darauf hingewiesen, daß der sog. „direkte" Weg bei katalysefreien Reaktionen gar nicht ein solcher plötzlicher und unmittelbarer „Übergang" ist, sondern im Gegenteil sogar ein komplizierterer Umweg (über sehr schwer zugängliche Zwischenstationen) sein kann. S. hierzu auch Skrabal: „Wollen wir eine Erklärung der Katalyse geben, so müssen wir auf die Urreaktionen zurückgreifen, aus welchen die Wirkungsweise der Katalysatoren hervorgeht" (Wien. Mh. **1935**, „Die Reaktionszyklen"). Der katalytische Urakt einer Molekel, eines Atoms vermag bei gegebener Temperatur keine zeitliche Veränderung zu erleiden (Trautz, Bredig); demgemäß kann es sich bei der Katalyse, genau gesehen, immer nur um eine *neue Schaffung und Vermehrung von Elementarakten* handeln. Katalyse ist immer ein zusammengesetztes Phänomen, indem der Katalysator neben die vorhandenen Affinitäten „seine eigenen einlegt" (Trautz, s. auch Playfair).

[80] Federlin: Z. physik. Chem. **41**, 565 (1902); ähnlich auch Brode: Z. physik. Chem. **37**, 257 (1901) u. a. m. Im Jahre 1922 sagt E. Abel: „Für homogene Reaktionen gilt die Zwischenreaktions-Theorie fast ausschließlich, für heterogene wohl überwiegend." Noch heute indes wird neben der „chemischen Katalyse" mit Zwischenstufen mehr oder weniger unbestän-

diger Art (van 't Hoffsche „Zwischenstoffe“ und Arrhenius’ „Stoßkomplexe“) eine kleine Gruppe mehr „physikalischer“ Katalyse unterschieden, bei welcher der Katalysator etwa die Konzentration der aktiven Molekeln erhöht oder sonstwie die Reaktionsgelegenheit der Stoßpartner verstärkt, analog etwa einer erhöhten Temperatur; s. H. J. Schumacher: Angew. Chem. **1937**, 483.

Kann und mag aber eine jede beliebige chemische Reaktion über Zwischenstufen verlaufen, so ist unmöglich ein derartiger Verlauf an sich Charakteristikum der Katalyse; wirklich kennzeichnend kann nur eine bestimmte ganzheitliche Anordnung von Teilreaktionen sein, und zwar eine Anordnung derart, daß der Katalysator einen „partiellen“ Kreisprozeß zu repetieren vermag.

[81] J. Brode: Z. physik. Chemie **37**, 256 (1901). Über Mehrstoffkatalyse s. weiter A. Mittasch: Ber. dtsch. chem. Ges. **59**, 13 (1926); Z. Elektrochem. **36**, 573 (1930). Die bei Mehrstoffkatalysatoren — und demgemäß auch bei Enzymen — beobachtete einseitige oder wechselseitige Beeinflussung kann in strukturellen oder in energetischen Verhältnissen (Vereinigung der Kraftfelder = Synergie) wurzeln (Mittasch, G. M. Schwab, Willstätter u. a.). Eine Übersicht gibt Juliard: Bull. Soc. chim. Belg. **46**, 549 (1937). Er unterscheidet: effet de déformation, effet complémentaire, effet de contact.

[82] Titoff: Z. physik. Chem. **45**, 641 (1903). Nach Wegscheider kann bei negativer Katalyse auch eine Beeinflussung des Anfangszustandes oder eines mittleren Zustandes des vorhandenen Systems in Betracht kommen; s. ferner Rosenmund über „Partialvergiftung“ als Hemmung bestimmter Teilakte mit einem für das Ganze positiven, d. h. vom Experimentator erwünschten Erfolg. H. Schmid hat für den Diazotierungsprozeß HCl als katalytisch-polaren Stoff gefunden, dessen H-Ion negativ, Cl-Ion aber positiv katalysiert; bei steigender Konzentration geht der negative Effekt durch einen „Indifferenzpunkt“ in einen positiven über; Z. Elektrochem. **43**, 626 (1937).

[83] „Studien über die Bildung und Umwandlung fester Körper“ I. Übersättigung und Überkaltung, 1897. Schon 0,00001 mg Substanz in fester Form (z. B. Salol) kann eine überkaltete metastabile Schmelze zum Erstarren bringen. Zur Keimkatalyse s. weiterhin die Arbeiten von Tammann, Volmer, Kossel, Schwab, Pietsch, Bloch usw. Über Autokatalyse in Chemie und Biologie vgl. auch Mittasch: Chemik.-Ztg **1936**, 793. (Schon J. W. Ritter hatte in Pockengift und „Miasmen“ organische *sich fortpflanzende Stoffe* gesehen. S. hierzu die neue Virusforschung; eine Übersicht gibt Lynen in Angew. Chem. **1938**, 181.)

[84] N. Schilow: Z. physik. Chem. **27**, 518 (1898); Luther u. Schilow: Z. physik. Chem. **46**, 777 (1903). Über die physiologische Bedeutung der Reaktionskopplung sagt Ostwald (1904): „Damit aus einem Stoffsystem ein einzelner Stoff mit höherer freier Energie entstehen kann, muß er mit anderen, energieliefernden Vorgängen gekoppelt sein, d. h. er muß mit ihnen in einer unlösbaren, durch eine einzige chemische Gleichung darstellbaren Beziehung stehen. Durch diese Betrachtung dürfte manches anscheinende Rätsel des Organismus lösbar werden.“ S. auch F. Haber u. Bran: „Super-

oxydtheorie" bei nassen Oxydationen. Z. physik. Chem. **35**, 81 (1900); über· „Autoxydation" 1904; weiterhin SKRABAL (1908) u. a. m.

[85] In seinem Vortrage „Über Katalyse" von 1901 unterscheidet OSTWALD (ähnlich wie HORSTMANN) folgende Klassen von Kontaktwirkungen: 1. Auslösungen in übersättigten Gebilden (Keimwirkung), 2. Katalyse in homogenen Gemischen, 3. heterogene Katalyse, 4. Enzyme. Hinsichtlich dieser heißt es, daß sich bisher nichts ergeben habe, „was irgendeinen grundsätzlichen Unterschied zwischen beiden Arten von Wirkung aufzustellen Veranlassung gäbe".

[86] Den Ausgangspunkt bildete die neue elektrische Zerstäubungsmethode, mittels deren BREDIG 1898 kolloidale wäßrige Lösungen von Pt-Metallen herstellte. Bald wurde konstatiert, daß „Knallgas in Berührung mit der Pt-Flüssigkeit schon bei gewöhnlicher Temperatur sich zu Wasser vereinigt". Das gleiche kolloidale Pt usw. wurde dann für Zersetzung von H_2O_2 und für weitere katalytische Zwecke verwendet. Die mit MÜLLER v. BERNECK u. a. gewonnenen Resultate, ab 1899 in der Z. physik. Chem. veröffentlicht, sind großenteils in der Habilitationsschrift „Anorganische Fermente", 1901, zusammengefaßt; eine spätere Übersicht findet sich in ALEXANDERS „Colloid Chemistry" **2**, 327 (1928). Weiterhin s. SÖRENSEN: Biochem. Z. **21**, 131 (1909); MICHAELIS und MENTEN ab 1913; EMIL FISCHER: Ber. dtsch. chem. Ges. **54**, Sonderheft S. 375 (1921); ABDERHALDEN: Lehrbuch der physiol. Chemie; F. HOEBER: Physikalische Chemie der Zelle und der Gewebe. 1. Aufl. 1902; sowie die reichhaltige spezielle Enzym-Literatur unseres Jahrhunderts, insbesondere auch Erg. Enzymforsch. ab 1932, herausgegeben von F. NORD u. R. WEIDENHAGEN.

[87] WEGSCHEIDERS Cinchonin-Arbeit s. Z. physik. Chem. **34**, 290 (1900), nach SKRABAL „vielleicht die geistvollste Arbeit, die jemals über die homogene Katalyse geschrieben wurde"; s. SKRABALS Nachruf auf Wegscheider. Wien. Mh. **1935**, 269.

[88] BODENSTEIN: Nachruf auf Haber. Sitzgsber. preuß. Akad. Wiss. **1934**.

[89] S. hierzu NOYES u. WHITNEY 1897, NERNST u. BRUNNER 1904. Auf Grund der Ionentheorie schuf NERNST die osmotische Theorie der galvanischen Ketten (1889), im Anschluß an HORSTMANN und BOLTZMANN eine strenge chemische Thermodynamik, unter Zufügung des von ihm gefundenen Wärmesatzes (1905), so den Anschluß gebend an die neue, von PLANCKS Quantentheorie beherrschten Epoche der Physik.

[90] BODENSTEINS Erstlingsarbeit bei V. MEYER betraf die Zersetzung von Jodwasserstoff in der Hitze (1894), seine Habilitationsschrift „Gasreaktionen in der chemischen Kinetik" (SH_2, SeH_2, JH, Knallgas) 1899; gleichlautend eine abschließende Veröffentlichung Ber. dtsch. chem. Ges. **70**, 17 (1937). Über Kettenreaktionen s. Z. Elektrochem. **1932**, 911; **1936**, 439; Ber. dtsch. chem. Ges. **70**, 17 (1937).

[91] Von den zahlreichen Beobachtungen ABELS sei beispielsweise die katalytische Reaktionslenkung der Natriumthiosulfatzersetzung angeführt; mit Jodion zu Tetrathionat, mit MoO_3 zu Sulfat. Von SKRABAL s. insbesondere Arbeiten über instabile Zwischenprodukte, periodische Reaktionen, Reaktionszyklen und chemische Induktion.

[92] Den Stand der katalytischen Forschung um 1910—1920 geben insbesondere zwei zusammenhängende Darstellungen wieder: E. ABEL (für die homogene Katalyse) in Z. Elektrochem. **19**, 933 (1913); G. BREDIG in Ullmanns Enzyklopädie der techn. Chemie, 1. Aufl., 6, 665 (1919), Artikel „Katalyse". Im einzelnen s. noch BREDIG: Die Elemente der chemischen Kinetik, 1902; HERZ: Die Lehre von der Reaktionsbeschleunigung durch Fremdstoffe, 1906; SCHADE: Die Katalyse in der Medizin, 1907.

[93] DUCLAUX hatte 1899 in seinem „Traité de Microbiologie" von den Diastasen gesagt, daß sie die Reaktionsgeschwindigkeit bestimmter Vorgänge ändern. Hierzu s. neuere Definitionen: „Enzyme sind von den lebenden Zellen gebildete spezifische Katalysatoren" (MYRBÄCK). „Enzyme sind Stoffe, die schon in kleinsten Mengen eine Reaktion im Organismus vermitteln bzw. beschleunigen" (BECHHOLD). „Enzyme sind stoffliche Katalysatoren der organischen Natur mit spezifischem Reaktionsvermögen, gebildet zwar von der lebenden Zelle, aber in ihrer Wirkung unabhängig von deren Gegenwart" (WALDSCHMIDT-LEITZ). „Ferment ist ein Katalysator biologischer Herkunft" (OPPENHEIMER). „Enzyme werden definiert als organische Katalysatoren kolloider Natur, die von lebenden Organismen erzeugt werden" (BERSIN). Eine Übersicht über die Reaktionskinetik der Enzyme gibt W. FRANKENBURGER in „Katalytische Umsetzungen" 1937, S. 301—404. Besondere Beachtung findet dauernd die Tatsache der „optischen Aktivität" als einer Spezialform der Enzymspezifität, die durch stereochemisch-asymmetrische Struktur bedingt ist und sich in auswählender Tätigkeit feinster Art betätigt (s. W. KUHN u. a.). Eine „Fixierung" von Fermenten an Zellbestandteilen hat schon HOFMEISTER 1901 vermutet.

[94] Tatsächlich schrumpft der Kreis derjenigen chemischen Reaktionen, die durchaus keiner katalytischen Beeinflussung zugänglich sind, immer mehr zusammen, und das Wort von GERTRUD WOKER [Katalyse **1** (1910)] gewinnt an Berechtigung: „Es ist fast unmöglich, eine chemische Umsetzung vorzustellen, bei welcher eine katalytische Beteiligung reaktionsfremder Substanzen ausgeschlossen wäre". Dies gilt vor allem im Hinblick auf die „Allgegenwart der chemischen Elemente" (IDA NODDACK, Angew. Chem. **1936**, 835).

[95] Die neue Theorie der chemischen Affinität in ihrer Anwendung auf Reaktionskinetik ermöglicht bereits für einfachste Fälle eine Berechnung der Absolutgeschwindigkeit von Elementarvorgängen, um die sich zuvor schon insbesondere TRAUTZ bemüht hatte. Vgl. auch H. HELLMANN, Einführung in die Quantenchemie 1937. H. MOHLER, Beziehungen der Chemie zum Weltbild der Physik 1939.

[96] Über den gegenwärtigen Stand reaktionskinetischer und katalytischer Forschung s. C. N. HINSHELWOOD: Reaktionskinetik gasförmiger Systeme. Deutsch von PIETSCH u. WILCKE, 1928; G.-M. SCHWAB: Die Katalyse vom Standpunkt der chemischen Kinetik, 1931; H. v. EULER u. A. ÖLANDER: Homogene Katalyse, 1931; H.-J. SCHUMACHER, Chemische Gasreaktionen 1938; W. FRANKENBURGER: Katalytische Umsetzungen in homogenen und enzymatischen Systemen, 1937; und das im Erscheinen begriffene „Handbuch der Katalyse", herausgegeben von G.-M. SCHWAB u. a.

Namenverzeichnis.